QUE SABEMOS DO UNIVERSO?

COLECÇÃO SABER + MAIS

Juan Pérez Mercader

QUE SABEMOS DO UNIVERSO?

Desde antes do Big Bang até à origem da vida

Dinalivro

Título original: *Qué Sabemos del Universo?*
Autor: *Juan Pérez Mercader*

Tradução: *Máximo Ferreira*
Revisão: *André Cardoso*

Capa: *Fernando Felgueiras*
Paginação e fotólitos: *b&f Gráficos – Corroios*
Impressão e acabamento: *Silvas - Coop. Trab. Gráficos, C. R. L. – Lisboa*

ISBN: 972-576-187-1
Depósito legal: 138386/99
1.ª edição: Maio de 1999

DINALIVRO
Travessa do Convento de Jesus, 15
1200-125 LISBOA – Telef.: (01) 395 23 48 – Fax: (01) 390 84 89
E-mail: dinalivro@ip.pt

Colecção Saber Mais – 6

À memória de meus pais:
exemplos de bondade, inteligência
e generosidade

Agradecimentos

Este livro nasce com o espírito de serviço. Supõe um modo de «restituir» à sociedade algo do muito que me deu: a possibilidade de dedicar a minha vida à investigação. Faço essa restituição em forma de material científico que, escrito numa linguagem acessível à maioria, lhes permita desfrutar da "«fronteira do conhecimento», no meu ramo científico. Desta maneira, quis contribuir para aumentar a cultura daqueles que com os seus impostos e esforços contribuíram para a minha formação científica. Obrigado.

Mas o livro em si nasce do convite generoso (em nome da Editorial Debate) de José Manuel Sánchez Ron para que escrevesse um livro de divulgação. A sua confiança e apoio, unidos à paciência, simpatia e compreensão da editora, Lurdes Lúcia, permitiram que a minha caneta fluísse livremente e os meus pensamentos se exprimissem no primeiro esboço do livro.

No livro se recolhe a nossa visão actual do Universo, desde o muito grande ao muito pequeno. Desde os intervalos de tempo mais curtos que podemos imaginar aos mais longos que medimos. No meio ficam muitos factos de interesse extraordinário nos finais deste século.

Há muitos colegas que me influenciaram directamente, quer através de discussões técnicas quer como co-autores de trabalhos científicos, até chegar à concepção que aqui se apresenta e que é, para além do meu ponto de vista, a ideia geral aceite pela quase totalidade dos que praticamos a Ciência. Entre estes colegas merecem um agradecimento especial Howard Bond, Murray Gell-Mann, Terry Goldman, Jonathan Halliwell, Ángel Martín Municio, Federico Morán, Dennis Sciama e Geoffrey West, por compartilharem comigo a sua visão geral ou/e especializada do que se apresenta neste livro.

Durante os últimos anos houve muitas ocasiões em que os amigos, colegas, jornalistas, artistas, professores do ensino secundário ou estudantes, me faziam perguntas acerca do Universo e me obrigavam a dar-lhes respostas que eles pudessem entender. Estas respostas acabaram por se transformar em conversações maravilhosas, mantidas ao longo dos anos com muitos deles, mas especialmente com Bárbara Allende (Ouka-Lele), Eloy de la Iglesia, Maribel González Pérez, Sofía Menéndez, Dolores Mercader, Juan Carlos Mestre, Tereza Móran, José Morera *(El Hortelano),* José Ignacio Oyarzábal, Alberto Portera, Sonia e Susana Pottecher, Amancio Prada, Agapito Ramos e Enrie Trillas.

Um livro em si requer não apenas um autor que o escreva mas sim a cooperação de toda uma equipa editorial e de realização. Margie Guitart passou à máquina algumas partes do trabalho. Concha Prieto elaborou de forma exemplar um manuscrito em letra pequena, inserções e inúmeras anotações. O departamento de Produção da Editorial Debate ajudou-me muito na forma final do livro e fez de «filtro», convertendo as múltiplas convenções do texto e da maqueta num verdadeiro prazer. Rafael Plaza conseguiu que com as suas amáveis correcções de estilo o texto melhorasse consideravelmente.

Finalmente, Maria (Marichu) Peire ajudou-me a encontrar a tranquilidade e o tempo necessários para escrever. Com as suas leituras do manuscrito e os seus comentários, manteve-me com «os pés assentes em terra».

A todos os mencionados explicitamente e a muitos que não é possível citar num espaço tão curto, os meus sinceros agradecimentos.

Juan Pérez Mercader

Índice

Guia para este livro ou como viajar pelo Universo
sem se perder 13

Capítulo 1
Introdução: um breve passeio pelo Universo 17

Capítulo 2
As quatro estações do ano. O nosso contacto pessoal
com o Universo 21

Capítulo 3
Alguns mitos da criação 27

Capítulo 4
Matéria e forma: a geografia do Universo 41

Capítulo 5
A dinâmica e a história do Universo 75

Capítulo 6
O «peso» do Universo e breve recapitulação 97

Capítulo 7
O futuro do Universo como resultado da coerência
entre o micro e o macrouniverso 101

Capítulo 8
Antes do Big Bang 113

Capítulo 9
Evolução, complexidade e auto-organização 125

Capítulo 10
A vida no frio: uma teoria sobre a sua origem 139

Capítulo 11
Seis acontecimentos essenciais na história da vida na Terra 145

Epílogo
O que nos falta saber nos finais do século XX 161

Glossário 167

Índice onomástico e de matérias 171

Guia para este livro
ou
como viajar pelo Universo sem se perder

Este livro consta de vários capítulos que seguem uma ordem lógica; mas como há ocasiões em que o que é lógico para uns não o é para outros, aqui explicamos de forma muito resumida o conteúdo de cada um dos capítulos, com a intenção de que o leitor possa conhecer antecipadamente o que se descreve em cada um e entenda como e porquê se relacionam uns com os outros.

Capítulo 1
Introdução: um breve passeio pelo Universo

Neste capítulo damos uma brevíssima descrição do Universo, desde o mais pequeno até ao maior que conhecemos. A intenção é situar o leitor e colocá-lo no contexto adequado para poder seguir o que se descreverá com mais detalhe nos capítulos sucessivos, de forma que tenha primeiro uma ideia muito geral e clara dos assuntos.

Capítulo 2
As quatro estações do ano. O nosso contacto pessoal com o Universo

Aqui motivamos o pensamento do leitor para que se dê conta de que o que chamamos Universo é algo muito familiar, algo que todos experimentamos. E algo por que todos sentimos interesse. É uma experiência diária.

Capítulo 3
Alguns mitos da criação

O homem sempre teve a necessidade de compreender o seu lugar no Universo e no tempo. Neste capítulo fazemos honra ao facto de que a cultura é uma (e não várias) e descobrimos algumas formas de entender a criação do Universo que fizeram parte de três culturas diferentes. Aproveitamos para recordar Toledo do século XIII e a nossa referência árabe-cristã-hebraica. A conclusão será que todos nós, humanos, interpretamos o Universo segundo metáforas.

Capítulo 4
Matéria e forma: a geografia do Universo

Neste capítulo oferecemos uma descrição da matéria e das formas que ela toma no Universo, ou a geografia do Universo. Para além disso, descrevemos como são alguns dos instrumentos que nos servem para conhecermos o Universo, como funcionam e a razão conceptual para que se constróem. Repetimos a passagem rápida do Capítulo 1 com mais detalhe, indo do maior ao mais pequeno. E concluímos que é necessário conhecer a dinâmica do Universo para estabelecer a ligação essencial entre geografia e história.

Capítulo 5
A dinâmica e a história do Universo

Tomamos o essencial do capítulo anterior e perguntamo-nos: como surgiu tudo? Descrevemos os componentes do Universo: o espaço-tempo, a matéria, a radiação e o vazio. Falamos dos quarks, dos leptões, das forças e da estrutura do espaço-tempo e do vazio. Concluímos que, para o entender com maior profundidade, é necessário «pesar» o Universo.

Capítulo 6
O «peso» do Universo e breve recapitulação

O «peso» do Universo é muito importante, porque nos diz muito sobre o seu passado remoto, sobre o seu presente e sobre o seu futuro. De facto, a nossa compreensão actual do Universo depende em boa parte da massa-energia que há no mesmo. E, portanto, «pesá-lo» ajudar-nos-á a confirmar ou a modificar a nossa descrição, que afinal pode ser tão metafórica como a que cantava Camarón, ajudada pela linguagem da física contemporânea.

Capítulo 7
O futuro do Universo como resultado da coerência entre o micro e o macrouniverso

A quantidade de matéria no Universo determina também o seu futuro. Que cenários são possíveis? Estes dependerão do seu «peso»? Mas com o que já sabemos sobre o Universo, a escalas muito pequenas e a escalas muito grandes, e com base na coerência, podemos prever o seu futuro. A sua estrutura e a matéria que a compõe não poderiam durar para sempre porque as leis da mecânica quântica e da gravitação fariam com que acabasse por se converter num lugar obscuro e frio, dominado por luz muito ténue e por neutrinos. Mas há outras possibilidades.

Capítulo 8
Antes do Big Bang

Se o Universo começou com uma grande explosão, pode perguntar-se: que aconteceu antes do Big Bang? A física contemporânea, baseando-se no que sabemos de mecânica quântica e de gravitação, permite-nos formular a pergunta e, inclusive, dizer alguma coisa sobre o assunto. Essencialmente, pode haver dois cenários: ou surgiu do nada ou não é possível dizer nada sobre a própria origem em si. Neste capítulo apresentamos e descrevemos com detalhe as duas possibilidades.

Capítulo 9
Evolução, complexidade e auto-organização

As variações no Universo produzem-se ao longo do tempo. Nelas aparece a chamada segunda lei da termodinâmica. Aqui analisamos como esta lei influi na formação de estruturas a todos os níveis e que se manifestam através do que chamamos evolução, complexidade e auto-organização. O que nos leva a uma consequência imparável: o aparecimento da vida.

Capítulo 10
A vida no frio: uma teoria sobre a sua origem

Este é um capítulo muito curto mas importante. Como exemplo de auto-organização, descrevemos um cenário sobre a origem da vida que cada vez tem mais adeptos: a vida com origem fria.

Capítulo 11
Seis acontecimentos essenciais na história da vida na Terra

Até o homem ter aparecido na Terra, com a sua capacidade para tentar entender o seu lugar no Universo, ocorreram seis acontecimentos ou eventos essenciais: 1) a síntese pré-biótica dos compostos químicos de que surgiu a vida; 2) o aparecimento da atmosfera terrestre; 3) o aparecimento dos primeiros animais; 4) o aparecimento das primeiras plantas terrestres; 5) o aparecimento dos primeiros animais vertebrados; e, finalmente, 6) o aparecimento do homem.

Epílogo

O que nos falta saber nos finais do século XX

Os 11 capítulos anteriores podem dar a impressão de que «sabemos tudo». Nem mais ou menos. Apenas começámos a entender algumas coisas básicas e no processo desta aventura do conhecimento temos desenvolvido toda a tecnologia de que nos servimos para viver uma vida mais fácil, como sociedade e como indivíduos. Embora os cimentos básicos do edifício já estejam colocados de forma firme, ainda há muito para conhecer. Aqui oferecemos uma lista de algumas perguntas, dentro do âmbito tratado neste livro, que consideramos importante colocar.

Glossário

Dado que é difícil encontrar alguns termos nos dicionários da nossa língua, aqui explicamos 23 deles, especialmente úteis.

Capítulo 1

Introdução: um breve passeio pelo Universo

Nos finais do século XX, pensamos que o Universo – o todo – é constituído por matéria, radiação, espaço-tempo e vazio. Estes são os quatro componentes fundamentais de tudo o que conhecemos: desde a harmonia que observamos nas estruturas que formam o mundo extragaláctico até, por exemplo, às reacções químicas que dão lugar aos pensamentos que fluem na mente do leitor destas linhas. Entre esses extremos ocorre toda uma complexa dança controlada pelo acaso e pelas flutuações.

A matéria é constituída pelos chamados quarks e leptões. Na base dos quarks, compreendemos hoje em dia como se constróem os protões e os neutrões que constituem o interior de todos os núcleos atómicos. Conhecemos, até agora, seis tipos diferentes de quarks e pensamos que não podem existir mais, que toda a natureza do núcleo atómico, como existe agora e como existiu nos primeiros instantes do Universo, se pode entender com apenas estas seis variedades de quarks. Conhecemos também a existência de seis leptões: o electrão, o muão, o tau e os seus respectivos neutrinos. O electrão gira em volta do núcleo atómico estabelecendo o equilíbrio dos átomos; o muão, umas 200 vezes mais pesado do que o electrão, e o tau, umas 3500 vezes mais pesado do que o electrão, são enigmas, pois não conhecemos muito bem qual é o seu papel na arquitectura da natureza. Talvez estas espécies de réplicas existam porque, se não fosse assim, as flutuações quânticas que dominam o âmbito do subatómico seriam incontroláveis: pensamos que a existência de seis tipos de quarks e de leptões pode dever-se a uma influência misteriosa que a natureza exerce sobre si mesma para não se descontrolar.

O electrão, o muão e o tau são acompanhados por neutrinos, partículas tão desconhecidas que ainda não sabemos sequer se estão dotadas de massa e, se assim for, se esta massa poderá constituir a massa-energia escura do Universo.

A radiação é composta pelos portadores das quatro forças que conhecemos: a força nuclear forte, a força electromagnética, a força nuclear fraca e a força gravítica. Cada uma delas é responsável por fenómenos díspares e diferentes. Cada uma é muito diferente das outras, nas suas propriedades e âmbitos de actuação. Assim, a força nuclear forte actua apenas no interior do núcleo atómico e revela-se em oito partículas (chamadas gluões), de cuja existência só se teve evidência experimental a partir dos anos 80; esta força é responsável pela variedade de elementos químicos que existem na respectiva tabela periódica: desde o hidrogénio aos elementos transuranianos, passando pelo oxigénio, o ferro, o mercúrio, etc. Os gluões não têm massa e, para além de serem os portadores da força, sentem-na. A força electromagnética, umas cem vezes mais fraca do que a anterior, actua a todas as escalas, se bem que os seus efeitos directos não sejam evidentes, devido à natureza neutra da matéria; mas é responsável pela luz, pela interacção entre átomos que dá lugar a moléculas e, por isso, pela vida; pode considerar-se como a mais «humana» das forças, pois é a que realmente nos controla. É através da luz que nos chega quase toda a informação que temos sobre o Universo: conhecemos as galáxias, as estrelas e os planetas graças à sua interacção com a luz. O portador da força electromagnética é o fotão, de cuja existência temos prova desde o princípio do século. Os fotões não têm massa nem carga eléctrica; só transportam energia. A força nuclear fraca é responsável pela radioactividade e, segundo alguns, pela combinação da evolução nos seres vivos com a propriedade assombrosa de distinguir entre esquerda e direita, o que conferiu às moléculas de DNA a sua estrutura em forma de hélice. A interacção fraca é mil vezes mais fraca do que a electromagnética, e o seu âmbito de actuação é, como na forte, o núcleo atómico.

Os seus portadores são os famosos bosões W e Z, que se descobriram no princípio dos anos 80 no CERN, em Genebra. Tanto os dois W como o Z experimentam a força electrofraca; a sua massa é de 80 e 90 vezes, respectivamente, a do protão. Mas a mais misteriosa das forças conhecidas até agora é a gravidade. Ao mesmo tempo a mais familiar (quem não experimentou já os seus efeitos?) e a menos conhecida (não existe uma descrição totalmente coerente da mesma). A força gravítica é responsável por uma enorme variedade de fenómenos: pelas marés, pelos planetas girarem em volta do Sol, pela existência da atmosfera terrestre, pelas galáxias que compõem o Universo terem a estrutura que conhecemos e... pelo Universo ser um todo, pois a gravidade é responsável pela sua evolução global, ou seja, é como que a «cola» que o mantém unido. O seu hipotético portador – o gravitão – ainda não foi descoberto.

A gravidade é 10^{-39} vezes (isto é, um zero e uma vírgula, seguidos de 38 zeros e um um na posição 39) mais fraca do que a força nuclear forte.

Estas quatro forças, juntamente com a matéria, sobre a qual elas actuam, evoluem numa espécie de arena onde decorre a acção e que conhecemos como o espaço-tempo. Aqui, no espaço-tempo, assistido pelo vazio (a ausência de tudo, excepto flutuações), evoluem os componentes do Universo, numa dança controlada pelas flutuações, na qual, de uma forma assombrosa, se toca uma partitura que os físicos do nosso tempo tentam decifrar para que, uma vez extraído o segredo, seja possível, talvez, entender os outros segredos do Universo e aplicá-los, para satisfazer a nossa curiosidade, em geral, e para melhorar a nossa qualidade de vida.

Na aventura de compreender como se desenvolve a partitura, geramos ideias que nos levaram a todo o progresso que a humanidade já conheceu. Que seria de nós se não houvesse electricidade ou não conhecêssemos meios e tecnologias eficientes para criar estruturas que nos alberguem?

Não se chegou a esta visão em pouco tempo. Foram necessários séculos de actividade humana. Uma actividade que talvez seja motivada pela necessidade inevitável que tem o ser humano de compreender o que o rodeia, que a princípio se traduziu em mitos sobre a criação e que logo, com a aparição do método científico, se transformou em ciência. É uma necessidade, uma sensação que todos experimentamos, pois quem não foi já até ao campo e olhou as estrelas e não se sentiu surpreendido? Todos nós; numa noite sem Lua, olhando as estrelas, a sumptuosidade do céu impede-nos de fazer perguntas e só não se surpreende quem não tem coração!

Nos capítulos seguintes veremos a exploração do Universo como uma aventura pessoal, como algo que todos já experimentámos em alguma ocasião, e daí perceberemos o papel importante que desempenham a observação da natureza, o sentido comum e a luz como portadora de informação no Universo. Descreveremos alguns mitos, faremos uma brevíssima descrição da história do Universo para poder apreciar melhor de onde vem o nosso conhecimento actual e... estaremos então preparados para começar a explorar conjuntamente, e em muito maior detalhe, a geografia e a história do Universo. Alertados por essa breve consciencialização pessoal, estaremos em condições de compreender como se organiza o Universo, conhecer alguns dos instrumentos com que o observamos e como a dinâmica serve de ligação entre a geografia e a sua história. O resultado será uma visão coerente, que ainda está em desenvolvimento, para que se constitua o paradigma actual, segundo o qual o homem entende o Universo. A seguir, falaremos no futuro do Universo e do que ocorreu antes da sua criação e também como entendemos hoje em dia as razões por que se chegou à vida que conhecemos na Terra. Finalizaremos com uma descrição dos factos mais importantes ocorridos no decorrer da história da Terra e com um epílogo onde faremos perguntas a nós próprios acerca do que ainda nos falta saber.

Capítulo 2

As quatro estações do ano. O nosso contacto pessoal com o Universo

Se, quando saímos das cidades para locais de pouca poluição luminosa, numa noite de Verão, olhamos, por exemplo, em direcção a sul, e levantamos o olhar para um pouco acima do horizonte, deparamos com um espectáculo surpreendente. Um espectáculo que já foi contemplado por milhares de milhões de pessoas antes de nós. Observamos as estrelas que, como diamantes iluminados por uma grande fogueira, brilham no manto de veludo preto da noite. Mas isto não é tudo o que percebemos. Ouvimos o concerto que rãs, grilos e outros animais nos oferecem como testemunho da sua existência. Guardamos na nossa memória a disposição das estrelas no céu de Verão (fig.1a), juntamente com os ruídos produzidos pelos nossos companheiros na Terra e repitamos a experiência, olhando na mesma direcção no Outono (fig.1b), reparando então que os ruídos são menos evidentes do que no Verão; mas poderemos ouvir o canto de alguma coruja ou o ruído das folhas secas que, caídas das árvores, estão a ser arrastadas pelo vento. Imaginemos de novo a cena.

Podemos repetir a experiência no Inverno (fig.1c), quando a frigidez da noite pode vir acompanhada pelos latidos dos cães ou por flocos de neve. Na Primavera (fig.1d), quando as estrelas que vemos são também diferentes das que vimos nas estações anteriores e quando os sons da natureza são de novo diferentes: talvez nos acompanhem agora os ruídos das folhas das árvores roçando umas nas outras ou nos ramos, abanadas pelo vento ou o murmúrio da corrente de água de um pequeno riacho ou ribeiro.

Experiências do género já todos as temos tido em alguma ocasião da nossa vida e todos ficamos atónitos se paramos um momento para pensar no que contemplámos. Mas em muitos casos sentimo-nos tão pequenos perante algo tão majestoso, que perdemos a capacidade de fazer perguntas acerca da experiência que acabámos de viver. Todos os nossos antepassados se encontraram nesta situação, admirando o firmamento, tentando integrar-se nele e sentindo-se conscientes do que nos rodeia.

Alguns de nós experimentámos já uma curiosidade mais intensa e colocámos questões a nós próprios para as quais ainda procuramos respostas. Não se sente essa curiosidade de forma gratuita. Sentimo-la como parte da espécie humana, e há quem argumente que essa curiosidade está codificada

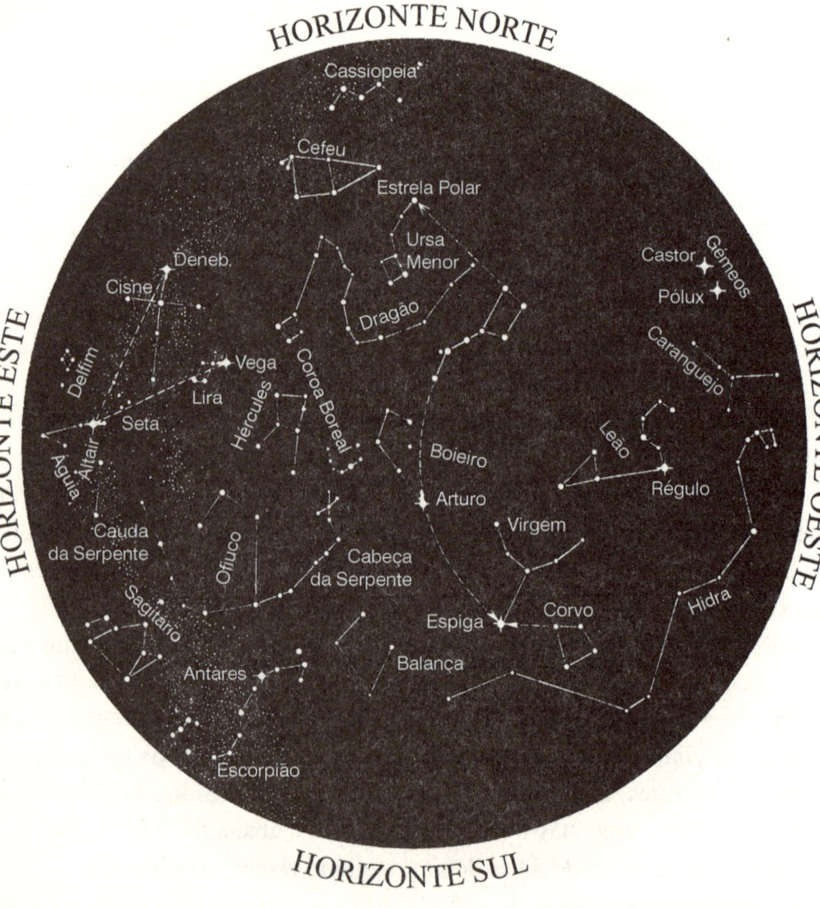

Fig. 1a. *O firmamento numa noite típica de Verão, por volta das 22 horas. Este mapa deve ser usado colocando o livro sobre a cabeça enquanto se observa o céu à hora indicada e fazendo coincidir a direcção impressa no bordo do mapa com o horizonte do lugar em que se encontra o leitor.*

no mais íntimo do nosso ser que a exerce como parte da sua própria existência, pois ao observar o que o rodeia e ao integrá-lo dentro de si mesmo em forma de informação, de saber, está realizando os desígnios da vida e do Universo em todo o seu conjunto.

Mas, que vimos?, que deduzimos disso?

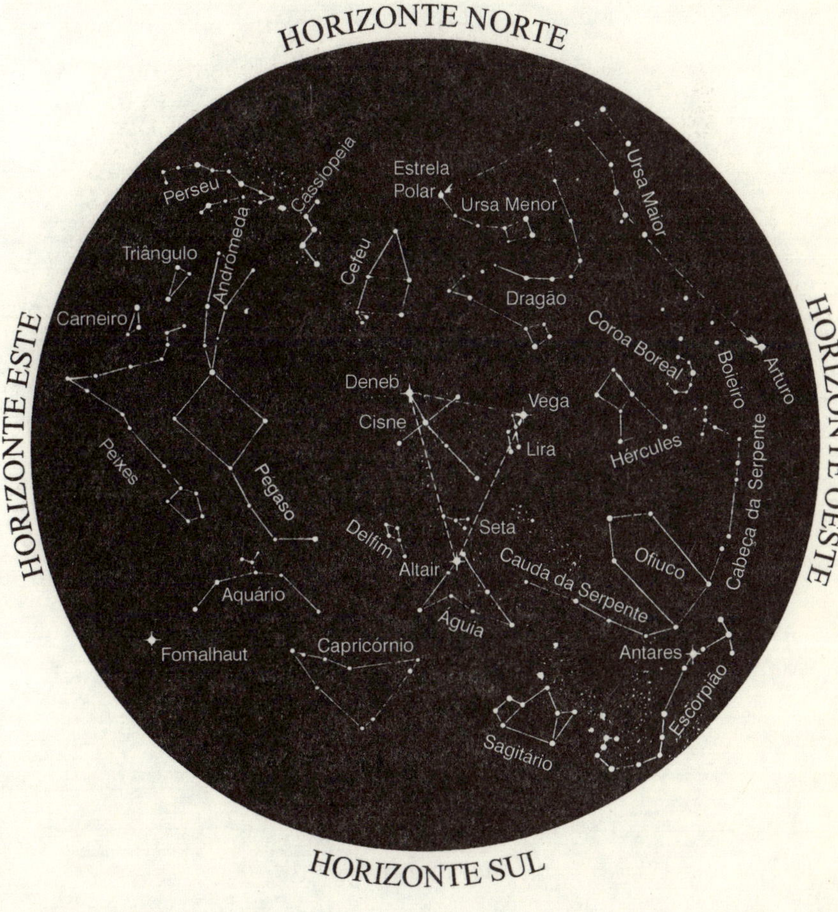

Fig.1b. *O firmamento numa noite típica de Outono, por volta das 22 horas. Veja-se a legenda da fig.1a.*

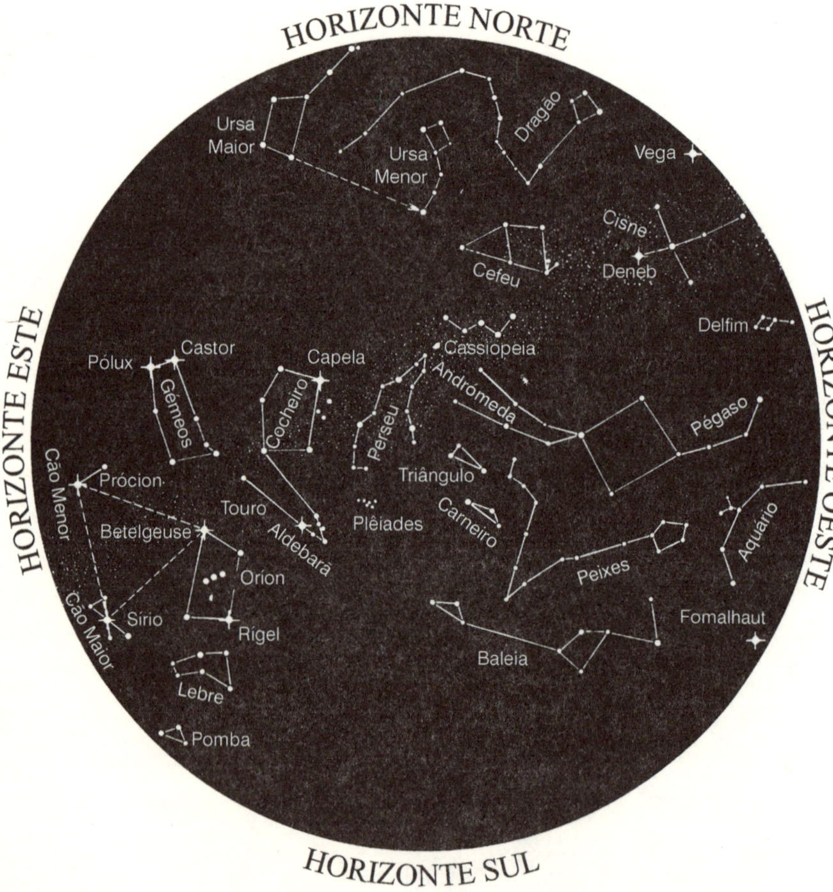

Fig.1c. *O firmamento numa noite típica de Inverno, por volta das 22 horas. Veja-se a legenda da fig.1a.*

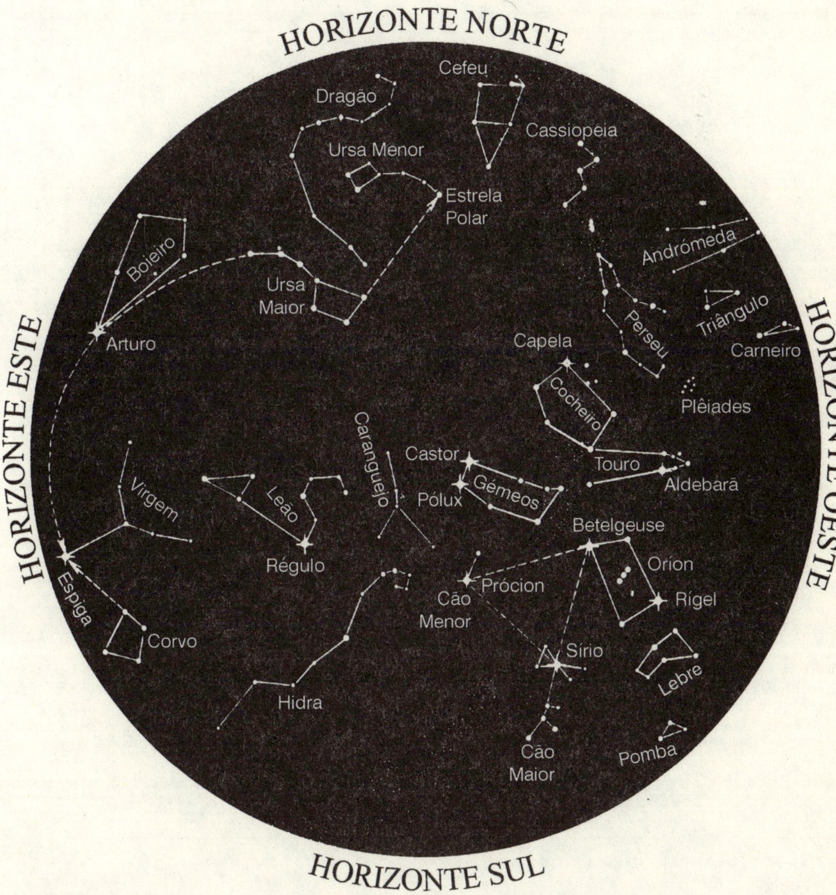

Fig.1d. *O firmamento numa noite típica de Primavera, por volta das 22 horas. Veja-se a legenda da fig.1a.*

Capítulo 3

Alguns mitos da criação

Vimos no firmamento estrelas que, ao longo do ano, vão sendo substituídas por outras. Vimos o manto negro da noite, sobre o qual brilham as estrelas e verificámos que, ao longo do ano, desde os grilos até às folhas das árvores que nos acompanham sobre a Terra, há pormenores muito variados e que se alteram com as estações do ano. Somos, afinal, testemunhas de que as coisas se transformam, de que existe uma dinâmica que percebemos com o decorrer do tempo e que essa dinâmica está associada com múltiplas formas, múltiplas estruturas. Estruturas que a vista, associada aos outros quatro sentidos, o tacto, o gosto, o olfacto e o ouvido, nos permitem deduzir que estamos imersos num cosmo, num Universo em que domina a variedade. Mas, reflectindo um pouco mais, damo-nos conta de que há, pelo menos, um fio condutor em tudo o que observamos. Esse fio condutor é a luz. Chega-nos a luz das estrelas e, com ela, informação sobre a sua posição. Chega-nos a imagem da água correndo no rio e com ela fazemos um modelo de como são os rios; uma imagem que extrapolamos na nossa imaginação e nos permite supor como serão outros rios noutros sítios, noutras condições. Fazemos uma ideia das coisas com base em informação que recebemos, através da luz, e construímos um modelo com o qual, auxiliados pela nossa imaginação, descrevemos coisas que, inclusive, não conhecemos directamente. Quem não imaginou já os rios Nilo ou o Amazonas como algo enorme comparado com os rios que conhecemos directamente?

Esta actividade levou o homem a elaborar modelos do que o rodeia. Assim, na Pérsia, entre os séculos XI e XII, o poeta, matemático e astrónomo Omar Khayyam, de Samarcanda, já nos disse:

O mundo é um grão de pó no espaço;
a ciência dos homens, palavras;

os povos, os animais e as flores dos sete climas
são sombras do nada

o que cantou o inesquecível cantor *de flamenco* Camarón de la Isla. Este descreve, de forma poética, algo que se aproxima muito da descrição do Universo mais comum na ciência contemporânea. Uma descrição que podemos resumir dizendo que, segundo ela, «o todo é consequência do nada» e que veremos desenvolvida ao longo dos capítulos que se seguem.

Os modelos do que nos rodeia hão-de estar baseados no que se observa, ainda que muitas vezes incluam ideias preconcebidas que nós, os homens, lhes associamos como consequência de nos sentirmos os seres mais importantes do Universo, do todo. Assim, no século II da nossa era o egípcio Cláudio Ptolomeu criou um modelo do Universo no qual a Terra é o centro do Universo: um modelo que tenta conciliar os princípios religiosos dominantes da época com os dados sobre observações de objectos celestes. Esses dados, coleccionados durante séculos no Oriente, na Grécia e em Roma, formam a base em que a civilização ocidental fundamenta a sua concepção do Universo. Este modelo, que chamamos ptolomaico, era incorrecto, como sabemos actualmente, mas a influência religiosa era tão profunda que foram precisos 12 séculos para que ele fosse ultrapassado. No entanto, havia quem o criticasse, como vamos ver.

Na Europa do século XIII aparece uma situação especial, de tolerância, na qual a Europa toma de novo a sua liderança na astronomia. Esta situação tem lugar durante o reinado da Afonso X na Península Ibérica. Uma época em que na Península convergem três culturas com três raízes muito diferentes, três visões muito diversas, mas que vivem em harmonia sob o ceptro do *Rei Sábio.* Estas três culturas, a árabe, a cristã e a hebraica convivem em Toledo e sob o patrocínio do então infante D. Afonso, que «trocou a coroa pelo astrolábio e esqueceu a Terra pelo céu», sintetizam o conhecimento astronómico e tornam-no público em *Los libros del saber de astronomía*, que também se conhecem como *Tábuas Afonsinas* (fig.2).

Nelas se incorporam alguns dos dados de Ptolomeu e se realizam as correcções correspondentes, baseando-se em observações levadas a cabo em Toledo entre 1262 e 1272. A influência árabe é tão importante que muitos dos nomes das estrelas que se traduziam do latim se arabizaram em Toledo, tendo chegado aos nossos dias com esses nomes. Nomes que se usam em todas as línguas. Nomes tão evocadores, tão familiares e tão universais como Mizar, originariamente utilizado pelos hebreus e mais tarde arabizado em Toledo, ou Vega, que aparece nas *Tábuas Afonsinas* como uma adaptação de *Waki* dos árabes. O rei Afonso X, *o Sábio,* constatou que o modelo ptolomaico «repugnava à razão humana», era inconsistente. A ideia de que a Terra fosse o centro do Universo não se conciliava com os dados obtidos nas observações. Mas a tradição, as crenças e o medo do desconhecido, o futuro, o mais além, fazia com que se tivessem em conta concepções que não estavam de acordo com a razão e com a observação.

Apesar disso, pensa-se que Afonso X, *o Sábio,* mais convencido pela realidade dos dados observacionais que conhecia e pela sua inteligência do

Fig. 2. Tábuas Afonsinas *(de Afonso X,* o Sábio*). Biblioteca do Mosteiro de El Escorial. ©Arxiu Mas.*

que pelas crenças da época, chegou a dizer: «Se eu tivesse estado presente na criação, teria dado algumas sugestões ao Criador para que o Universo fosse mais bem concebido.»

Esta frase contém não uma atitude de arrogância mas sim um acto de extraordinária humildade, pois o rei diz que a sua compreensão do Universo é imperfeita. Mas, sobretudo, contém a noção de que o Universo teve de ser criado em algum momento.

A criação. A origem. Do latim *creare*: produzir algo a partir do nada. Este é um dos grandes temas que aparecem constantemente na história da humanidade como resposta do homem à necessidade de entender o que o envolve e que nos leva a maravilharmo-nos com o céu nocturno, as cores de um escaravelho, o voo de um colibri, a explosão de uma estrela, o mundo subatómico ou o amor entre seres humanos. Tudo nos maravilha. Mas, qual foi a origem de tudo? Esta pergunta tem sido feita pelos humanos, desde tempos ancestrais, e constatamos que em muitas culturas e religiões a origem do Universo se identifica com a origem da luz e a origem dos tempos. Hoje já não pensamos assim pois sabemos que a luz não pode ter sido criada ao mesmo tempo que o Universo mas sim algum tempo depois. Mas seria ilustrativo, com o objectivo de estabelecer comparações nas nossas próprias mentes, que recordássemos algumas histórias da criação recolhidas ao longo dos séculos. Mais que histórias... mitos.

Como o mito pelagiano da criação, ou a criação como a descreve o Génesis, ou a criação segundo os índios *tsimshian,* na Colúmbia britânica, a noroeste do Canadá. Segundo o mito pelagiano, descrito por Robert Graves, Eurínome, a «deusa de todas as coisas» surgiu do caos, nua, sem encontrar nada onde apoiar os seus pés e separou o mar dos céus, começando a bailar sobre as ondas. Começou a criar o necessário para o Universo em marcha... até o seu próprio amante, a serpente Ofíon. Eurínome converteu-se em pomba e pôs um ovo que, fecundado por Ofíon – como lhe ordenou Eurínome –, se abriu em dois saindo do seu interior todas as coisas que conhecemos: o Sol, a Lua, os planetas, as estrelas, etc., e as criaturas vivas. Aqui, a luz não desempenha um papel explícito, pois se supõe que ela já existia quando Eurínome não encontra onde apoiar os pés. Mas tudo surge do caos... e do nada.

Outra descrição ancestral da origem de todas as coisas é-nos dada pelo Génesis. Compartilhado pelo judaísmo, pelo cristianismo e pelo islamismo, o Génesis assegura que Deus fez a luz no princípio da criação: «No princípio criou Deus os céus e a Terra. A Terra era o caos e confusão e obscuridade por cima do abismo, e um vento de Deus soprava por cima das águas. Disse Deus: "Haja luz" e houve luz. Viu Deus que a luz estava bem e separou Deus a luz da escuridão.» Aqui a luz desempenha um papel mais central que no mito pelagiano mas, embora não se mencione explicitamente, tem-se a noção implícita de que houve um «antes», pois existiu «um princípio».

Entre os *tsimshian,* índios pescadores e caçadores cuja população se estende pela Colúmbia britânica a oeste do Canadá, perto de Vancouver ao norte do estreito de Juan de Fuca, e até ao Sul do Alasca, a criação do Universo e da luz desempenham um papel central que se vislumbra mesmo na sua filosofia de vida. Esta chega até aos nossos dias; e apesar dos esforços dos missionários anglicanos para erradicar estas crenças, os *tsimshian* ainda mantêm os seus mitos da criação que propagam verbalmente, de geração em geração (fig. 3).

Fig. 3. *Talha em madeira característica dos índios* tsimshian *na Colúmbia Britânica. O pássaro de fogo* (Thunderbird) *desempenha um papel central na criação e no nascimento dos humanos.*

A cultura *tsimshian* está baseada na tensão axiomática que se cria entre os pólos opostos, expressando assim o papel essencial que o complementar ocupa na origem da sua existência. Papel complementar que aqui é desempenhado pela luz. Eles pensam que no princípio o Universo estava na penumbra e no zénite se encontravam os aposentos de uma deusa chamada Cielos, que era muito sensata. Conforme os humanos se comportassem, Cielos mandava à Terra os seus raios mensageiros, acompanhados por quatro relâmpagos de luz e quatro trovões. Alguns destes mensageiros tiveram filhos humanos. Um deles, que usava uma roupa brilhante adornada com um arco-íris coberto pelas estrelas e ladeado pelo Sol e pela Lua, voltou à Terra com os seus filhos. Um destes filhos foi contaminado pelos seres humanos e, tornando-se cada vez mais vaidoso e avarento, converteu-se num corvo que, finalmente, acabou por roubar a luz ao seu proprietário inicial e a espalhou sobre a Terra. Desde então alternam-se o dia e a noite.

Nestes três mitos aparece um «suporte» comum. De forma aparentemente desligada, o caos e o nada, o antes e depois, o complementar. Este implica o todo, pois o complementar só pode existir se se tem noção do todo; o antes e o depois, se existe a eternidade, que é o todo no tempo. Não é tão óbvio apreciar que o caos e o nada sejam complementares mas, como veremos quando descrevermos simplificadamente a noção que temos nos finais do século XX da criação do Universo, o caos e o nada são complementares graças à unificação de conceitos a que estamos chegando neste momento da história da humanidade.

Hoje sabemos que o Universo tem entre dez e 20 mil milhões de anos. E que, provavelmente, começou tendo um tamanho muito pequeno, a partir do qual cresceu até chegar ao seu tamanho actual. Também sabemos que tem quatro componentes fundamentais: o vazio, a matéria, as forças e o espaço-tempo no qual decorrem a sua geografia e a sua história. O espaço e o tempo são como a arena de uma praça de touros em que decorre a corrida. O seu futuro. Sabemos que, por agora, não somos capazes de dizer nada, de forma segura, acerca dos primeiros instantes da história do Universo, já que a física que actualmente conhecemos deixa de se aplicar quando fazemos o relógio do tempo andar para trás e chegamos a dez elevado a menos 43 segundos depois do nascimento do Universo. Este é o tempo que a luz demora a percorrer uma centésima bilionésima de milionésima parte do espaço ocupado pelo núcleo de um átomo de hidrogénio; também é o tempo que a luz demora a atravessar um buraco negro tão pequeno que obedece às leis do acaso, que afectam e controlam o muito pequeno, o que tem tamanho inferior ao de um átomo.

Mas, mesmo assim, sabemos, de forma aproximada, que desde então até agora o Universo se expandiu com uma velocidade enorme e que o que inicialmente era uma mistura dos quatro componentes essenciais atrás mencionados, se converteu no que vemos e observamos actualmente.

Nos primeiros instantes, os instantes primogénitos do Universo, a matéria, que era composta por uma mistura totalmente desordenada dos seus componentes que hoje consideramos fundamentais, os quarks e os leptões, se encontrava ligada entre si possivelmente por dois tipos de forças: a gravítica e uma única força com propriedades muito especiais a que chamamos força unificada.

A força gravítica actuava sobre a matéria, a radiação, o espaço-tempo e o vazio, de forma muito semelhante ao que acontece actualmente. A outra força única, unificada (cuja existência experimental ainda não está comprovada), tinha a propriedade de ligar os quarks com os leptões e estes com as suas antipartículas. O estado de uma força assim era tal que o vazio não era estável a médio prazo (que para aquela época da história do Universo se mede em trilionésimos de segundo). E esta situação é insustentável, dado que, por definição, o vazio tem de ser estável. Portanto, para que o vazio se tornasse estável só existiam quatro alternativas possíveis: ou, a) se alterava o vazio ou, b) se alterava a estrutura das forças ou, c) se alterava a natureza da matéria ou, d) simultaneamente, as três anteriores ou alguma combinação entre todas elas. Baseando-nos na consistência lógica entre o que hoje observamos no Universo e o que calculamos utilizando estas teorias, chegamos à conclusão que o mais provável que tenha ocorrido é que se tivessem verificado as hipóteses a) e b). Talvez em simultâneo, embora não necessariamente. Há que realçar que, por agora, isto é especulação teórica que, ainda que bem fundamentada em factos experimentais indirectos, ainda não obteve confirmação experimental directa. Por exemplo, se este cenário fosse certo, algum dia todo o Universo deixaria de existir e se converteria numa espécie de grande frigorífico a uma temperatura de menos 273 graus Celsius (o chamado «zero absoluto»), em que não haveria matéria para além dos neutrinos e... luz. Tudo em completa desordem. Toda a matéria do Universo, todos os protões e todos os neutrões do Universo se desintegrariam. Mas não há razão para nos preocuparmos, dado que, antes disso acontecer, ainda passariam mais de dez elevado a 33 anos, um milhar de milhões de biliões de biliões de anos! Não obstante ser esta a ideia actualmente mais aceite pelos físicos, é muito provável que, quando a) e b) tiveram lugar, algo muito importante tenha ocorrido na história do Universo e que fez com que essa força tão especial – a força unificada – se desdobrasse em outras duas forças: a força nuclear forte e a chamada força electrofraca, ao mesmo tempo que, possivelmente, se produziu uma pequena diferenciação entre matéria e antimatéria. Uma diferenciação que era consequência de um pequeno «defeito» no Universo primitivo que, com a sua expansão, se foi ampliando até aos nossos dias, quando o Universo está completamente dominado pela matéria; até uma proporção de uma parte de antimatéria por cada dez mil milhões de partes de matéria. Estes factos tão importantes permitem supor o final da chamada era da grande unificação.

O processo que acabamos de descrever teve lugar quando o Universo só tinha umas cem bilionésimas de uma bilionésima de uma bilionésima de segundo. Uma idade extremamente precoce. Uma diferença de tempos que, no entanto, não podemos medir no laboratório. Não obstante, foi um processo que deixou uma profunda marca no Universo pois, hoje em dia, como já se referiu, quase tudo o que conhecemos no Universo é matéria, já que esta é dez mil milhões de vezes mais abundante que a antimatéria que, por estar em tão pequenas proporções, não pode organizar-se (e por isso não conhecemos «antiátomos» senão no laboratório, onde nós próprios os produzimos). A pequena diferença que se introduziu no final da era da grande unificação terá sofrido um incremento com o passar do tempo, a ponto de, na actualidade, a antimatéria ser algo muito difícil de encontrar numa região do Universo que esteja em equilíbrio.

A força forte que, como acabámos de assinalar, se diferenciou então da chamada electrofraca, ainda está connosco, com características algo diferentes das que tinha então, mas sem alterações na sua essência: afecta apenas os quarks e os antiquarks, é a força mais forte que conhecemos (umas dez elevado a 39 vezes mais forte que a gravítica) e foi capaz, à medida que o Universo envelhecia, de dar lugar, quando este tinha apenas uma milionésima de segundo, aos primeiros elementos, aos elementos mais leves da tabela periódica dos elementos que estudamos em química e que hoje tem mais de uma centena de elementos «simples»; muito mais tarde estes elementos leves, como o hidrogénio e os seus isótopos deutério e trítio, o hélio, o lítio (como o que usamos nas pilhas dos relógios, a maioria do qual se formou então), foram «cozinhados», formaram-se, em grandes regiões do espaço e deram lugar muito mais tarde a estrelas, nas quais posteriormente apareceram os restantes elementos químicos que hoje estão na tabela periódica.

A força electrofraca não sobreviveu como tal durante muito tempo depois da era da grande unificação, ainda que em comparação com o período decorrido desde esse final até que a força electrofraca se desdobrasse e se diferenciasse das demais forças esse tempo fosse como uma eternidade. Este desdobramento, que ocorreu no final do que conhecemos como era da unificação electrofraca, teve lugar quando o Universo tinha apenas uma bilionésima de segundo. Neste instante, aparecem duas novas forças, a força nuclear fraca e a electromagnética. A primeira afecta toda a matéria enquanto a segunda só afecta as partículas dotadas de carga eléctrica. Para além disso, a força fraca distinguia entre esquerda e direita, enquanto as outras forças não distinguem esta relação espacial; no momento actual da história do Universo, a força fraca manifesta-se nos processos de desintegração radioactiva. Desta época, ou era da unificação electrofraca, já temos verificação experimental, encontrada nos princípios dos anos 80 graças a experiências realizadas com aceleradores de partículas, com os quais podemos na actualidade explorar as condições que preponderavam no Universo quando este tinha uma idade de um bilionésimo de segundo.

A outra força que mencionámos, a electromagnética, está directamente relacionada com a luz. É uma força que, por sua vez, contém duas forças: a eléctrica e a magnética. Não foi descoberta como força electromagnética senão na segunda metade do século XIX. Actua sobre todos os corpos que têm carga eléctrica, da mesma maneira que a gravítica o faz sobre qualquer corpo com massa ou energia. A forma como esta interacção ou força se manifesta é a seguinte: pelo mero facto de ter carga eléctrica, um corpo que ocupa um lugar no espaço-tempo modifica o vazio que o rodeia e faz isso de uma forma muito específica. Esta modificação do espaço-tempo, devida à carga eléctrica, é percebida por qualquer partícula que tenha carga eléctrica e percebe-a como uma modificação do vazio que se encontra em contínua flutuação a nível subatómico. As flutuações podem descrever-se em função do intercâmbio praticamente contínuo entre as partículas com carga eléctrica e outras partículas que são as portadoras dessa interacção, dessa força electromagnética. É como se imaginássemos dois meninos no centro de um recinto de basquetebol, cada um deles representando uma partícula com carga eléctrica e trocando entre si duas bolas de básquete como se fossem malabaristas. O facto de estarem continuamente a trocar as bolas cria uma ligação, uma espécie de «cola» que os une. As flutuações correspondem ao facto de estarem a trocar as bolas e estas representam os portadores da interacção electromagnética: os fotões, que são os componentes fundamentais da luz. Assim, a luz que nos chega, em determinado momento, do ecrã do televisor, ou de qualquer coisa que estejamos a ver e nos comunica a imagem, é composta por uma enorme quantidade de fotões.

Apesar de que os fotões começaram a existir apenas no final da era da unificação electrofraca, a matéria e as forças que constituíam o Universo estavam contidas na sua totalidade numa região extraordinariamente pequena. Tão pequena que, através dela, a luz, podendo propagar-se sem impedimento, só demoraria uns bilionésimos de segundo a percorrê-la. O seu tamanho total era uma milésima de bilionésima do tamanho actual, ou seja, uns dez elevado a 13 centímetros, ou uns cem milhões de quilómetros: uns dois terços da distância actual entre a Terra e o Sol. Mas a densidade do Universo, a quantidade de matéria por metro cúbico, tinha de ser muito alta. De facto, calcula-se que era umas dez elevado a 25 vezes mais denso que a água, ou quase um bilião de vezes mais denso que o núcleo atómico. Por isso, a luz quase não se podia propagar. O Universo nessa época era opaco! Nele dominavam as trevas!

Foi preciso que o Universo se expandisse durante uns 300 mil anos da sua história para ser transparente à luz. Foi nesse instante que a luz pôde viajar e propagar-se livremente pelo Universo. Isso aconteceu quando a densidade era suficientemente baixa para que os fotões não colidissem com outras partículas quase imediatamente após serem emitidos. Podemos associar este «momento» com o que as tradições antigas – em muitas civilizações, desde o Génesis ou o mito pelagiano, passando pelas tradições dos índios norte-americanos e pelas da África negra – associam com «e fez-se a luz» (fig.4). É também o momento em que se formaram os átomos.

O homem tem necessidade de conhecer, de entender, e trata de explicar o que observa de uma forma que seja coerente com as suas ferramentas, com as suas linguagens ou metalinguagens. Assim, inventa princípios simplificadores que lhe permitam progredir no seu conhecimento e, mediante a sua inteligência limitada, separa o que observa em duas partes: uma que é a que lhe interessa e trata de estudar e entender em detalhe, e outra que não lhe interessa porque é excessivamente complexa. Para descrever a parte que lhe interessa inventa-se uma metalinguagem; uma linguagem específica em que os conceitos representam coisas muito específicas. Uma linguagem que lhe permite progredir na sua descrição objectiva do que o rodeia. E, assim, chega a aplicar as matemáticas à sua descrição do Universo, para o descobrir platonicamente, de forma idealizada.

A este processo se chega mediante a formulação de perguntas adequadas que se enquadram num contexto abordável. E é aqui, no desenvolvimento da resposta e na extracção de pequenos (ou grandes) segredos à natureza, ao Universo, que a profissão da ciência se converte em uma das maiores aventuras da humanidade. Uma aventura que nos levou a conhecer o papel da respiração na circulação sanguínea, tal como nos explicava Servet, ou a entender a harmonia entre os corpos celestes graças à classificação das órbitas dos planetas que nos deu Kepler, cujas leis foram essenciais para compreender a física do sistema solar, ou a entender, mediante leis matemáticas, porque é que essas leis eram assim, como nos demonstrou o inglês Newton (que, entre muitas outras contribuições, nos ofereceu a primeira descrição matemática da gravitação), ou a deduzir que as manchas da Lua eram crateras e montanhas, como fez Galileu (que nos deixou importantes ideias e experiências com as quais se estabelece a universalidade da gravitação) ao aplicar a técnica do *chiaroscuro* das academias venezianas de arte nas suas observações da Lua com o seu telescópio primitivo.

Ou a encontrar a América ao aplicar noções de geometria à Terra e conhecimentos profundos de navegação e história como fez Cristóvão Colombo; ou a descobrir que o Universo é muito maior do que se pensava, como aconteceu com Edwin Hubble (que no nosso século descobriu que o Universo é dinâmico, que se expande e que é muito mais complexo do que até então se pensava), que construiu um grande telescópio «para ver mais longe»; ou a descobrir as entranhas do subnuclear, como ocorreu nesta geração de físicos de partículas que com fé cega no seu paradigma matemático constróem grandes aceleradores de partículas (como o LEP, em Genebra) que lhes permitem explorar o mais íntimo da matéria ao mesmo tempo que exploram os instantes iniciais do Universo.

Apoiando-nos nos ombros de gigantes, nós fazemos hoje em dia perguntas muito profundas e muito gerais. Perguntas que constituem a locomotiva, a fonte de energia, da aventura do conhecimento. Perguntas como: qual foi a origem de tudo? Ou qual é o futuro de tudo? Podemos tentar

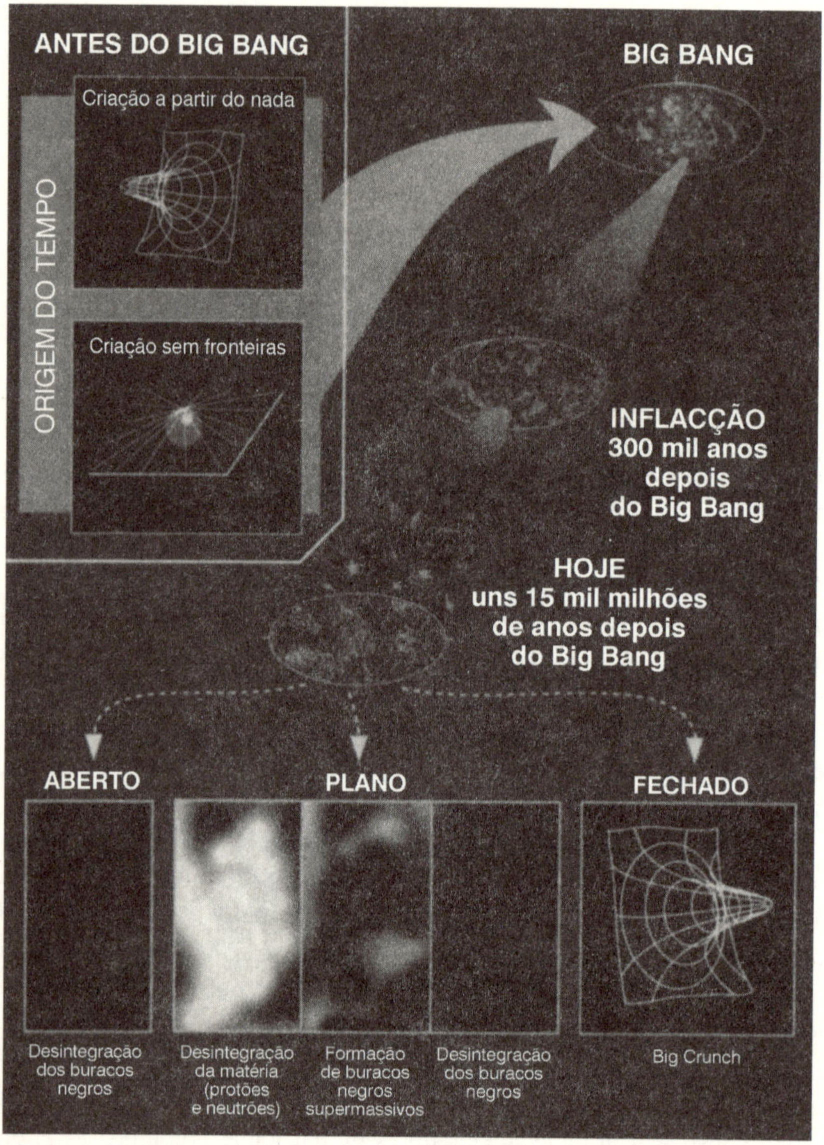

Fig. 4. *Representação do passado, do presente e do futuro do Universo. No canto superior esquerdo estão os cenários sobre o que se pode ter passado antes do Big Bang (Capítulo 8). A história desde o Big Bang até hoje está simbolizada nas três elipses que representam a abóbada celeste em várias épocas (capítulos 3, 5 e 6). A época em que o Universo se tornou transparente denomina-se «inflacção» e ocorreu quando ele já tinha uns 300 mil anos. Os diagramas na parte de baixo representam os cenários possíveis para o futuro do Universo (Capítulo 7).*

Fig. 5. *Mapa de uma parte do firmamento em que aparecem mais de dois milhões de galáxias. Cada ponto representa duas mil galáxias. O seu nome, APM, é o acrónimo de Automated Plate Machine, uma máquina idealizada na Universidade de Cambridge (Inglaterra), na qual se introduzem chapas fotográficas obtidas com telescópios e de forma automatizada se gera este mosaico do céu. (Maddox, Sutherland, Efstathiou y Loveday, Astrofísicos de Oxford).*

entender como e porquê estamos aqui. O que é o que entendemos? Ou o que é o que não entendemos? Em qualquer caso sempre devemos colocar-nos uma primeira pergunta em que se centrarão todas as outras: como é o que vemos? Que é o que vemos?

Tal como fizeram os nossos antepassados, como, por exemplo, o rei Afonso X, *o Sábio,* a maneira mais apropriada de centrar estas perguntas é fazer um catálogo do «que há». E para isso nada mais adequado do que classificar o que encontramos em função do seu tamanho, da sua morfologia e do seu objectivo. Desde o maior no Universo até ao mais pequeno. Descobriremos que há como que um princípio unificador, como um tema comum. O grande desafio é compreender esse tema comum e averiguar o seu porquê.

Para conhecer o Universo de que fazemos parte, disponhamo-nos a dar um passeio, uma volta em redor do local em que nos encontramos. Uma volta que nos leva desde o maior que conhecemos nele até ao mais pequeno, na qual resumiremos séculos de exploração e de estudo. Milhões de horas de trabalho de muitas das mentes mais privilegiadas da história da humanidade. Tal como no princípio deste capítulo nos imaginámos a contemplar o céu e víamos estrelas no escuro da noite, imaginemos agora que dispomos de uma nave que nos transporte a uma velocidade (inalcançável, na realidade) enorme pelo Universo e que abandonamos o planeta Terra, o sistema solar e conseguimos observar as maiores estruturas do Universo. Observar uma boa parte do Universo. O que veríamos teria o aspecto de uma «renda de bilros» como mostra o mapa da APM (fig.5), em que se representam mais de dois milhões de galáxias em apenas uma parte do firmamento, como se cada uma delas fosse um pequeno ponto luminoso. Esta é a maior escala que o homem é capaz de descrever e de lhe associar directamente uma morfologia.

Capítulo 4

Matéria e forma: a geografia do Universo

O Universo começou com uma grande explosão: é isto que a ciência contemporânea nos leva a concluir, baseados nos dados que possuímos. Uma explosão que pensamos ter acontecido num momento do passado, entre oito mil e 20 mil milhões de anos.

Fig. 6. *Diferentes tipos de galáxias na constelação do Pavão. Quando nos aproximamos das acumulações de pontos que compõem a APM (figura anterior), esta é a estrutura em que se decompõe a acumulação. Nesta fotografia mostra-se a parte central do conjunto formado pelas galáxias. Podem apreciar-se os diversos tipos de galáxias que compõem o enxame. (Royal Observatory, Edimburgo).*

Depois dessa explosão e após ter decorrido todo esse tempo, o Universo atingiu estruturas tão grandes como as que vemos nas figuras 6, 7, 8 e 9. A fig. 6 mostra um aglomerado de galáxias ligadas pela força da gravidade que actua sobre a matéria que as compõe. A luz demora uns cem milhões de anos a percorrer o espaço abrangido pela fotografia, viajando 300 mil quilómetros por segundo, o que significa que daria um pouco mais de sete voltas ao equador terrestre, num segundo. Estas fotografias mostram-nos um aspecto do Universo após uma longa evolução.

Vamos falar da geografia do Universo e, para isso, daremos uma espécie de passeio, examinando as diferentes estruturas que nele existem. Mas, antes de o fazer, vamos descrever os instrumentos que têm ajudado os homens a entender o Universo, para finalmente fazermos uma imagem pla-

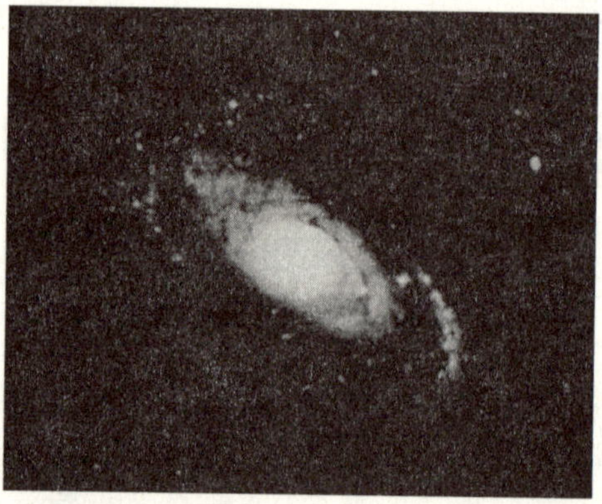

Fig. 7. *A galáxia M81 é uma espiral típica. (Fotografia do California Institute of Technology).*

tónica, uma imagem matemática de como são as coisas e das razões por que são como são.

Na fig. 10 vemos as caravelas de Cristóvão Colombo que, tal como nós, se sentia empurrado por uma curiosidade tremenda de descobrir o que havia para além do seu nariz. Tinha uma série de ideias, havia cometido vários erros nos cálculos matemáticos das distâncias e tinha uma intuição que lhe dizia que, depois de navegar um certo tempo para oeste – ao contrário do que então se pensava –, haveria algo mais: encontraria terra. Para levar por diante a sua empresa, armou-se da tecnologia disponível naquela época, que era a da caravela, que combinava a velocidade do veleiro mediterrânico com a capacidade de carga da galera, e iniciou a sua via-

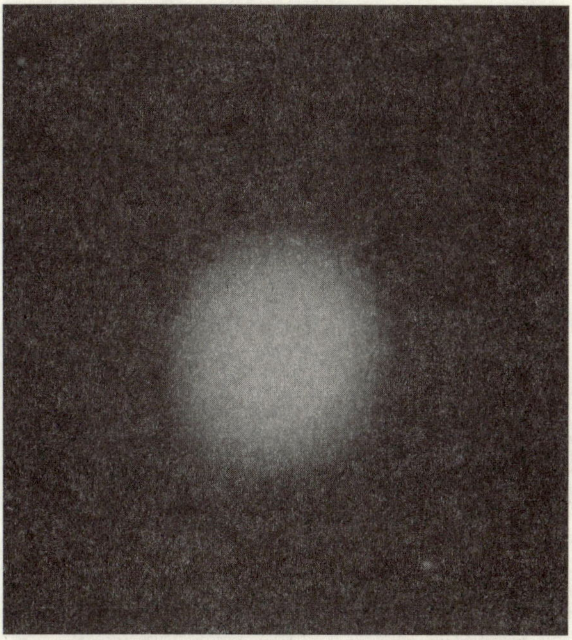

Fig. 8. *M 87 é uma galáxia elíptica que pertence ao aglomerado da Virgem. (Fotografia do California Institute of Technology).*

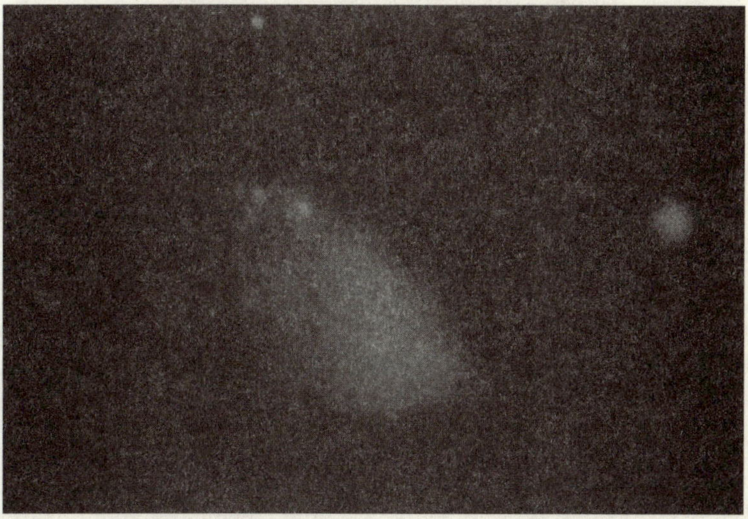

Fig. 9. *Também existem galáxias irregulares, como a que se mostra na figura e que é uma das Nuvens de Magalhães. (Anglo-Australian Observatory).*

Fig. 10. *As caravelas de Colombo implicaram um enorme avanço tecnológico sem o qual o almirante não teria podido realizar a sua grande proeza.*

gem, a sua experiência. E assim, aproveitando a experiência dos portugueses, foi em busca de outros mundos ou de outros caminhos que pensava que podiam existir. Deste modo se foi criando, ao longo dos anos, uma cartografia (fig. 11), uma geografia (a palavra *geo* quer dizer terra; logo, se falamos da geografia do Universo, ela nos inclui, de certo modo, a nós próprios, no Universo).

Uma geografia que inclui Espanha e as costas da América do Norte (a Florida é representada com uma grande distorção) e as Caraíbas (fig. 11) e começamos a descobrir como estava conformada a Terra e o que havia mais para além do que até então éramos capazes de explorar. Descobrimos também que, embora não fossemos a outros sítios muito diferentes dos que estávamos habituados a ver, quando ali chegámos as coisas repetiam-se e os seres humanos eram iguais aos do nosso local habitual e tinham uma constituição semelhante. Isto, que parece uma trivialidade, é muito importante, pois reflecte um conceito que os físicos e todos os seres humanos utilizamos continuamente e que é a hipótese da universalidade; isto quer dizer que aquilo que se verifica aqui também se verifica noutros locais. Quando descrevemos como se comporta uma galáxia, ou como interagem as estrelas dentro de uma galáxia, estamos a supor que as leis que operam nela são similares, ou seja, idênticas às leis que operam no nosso próprio

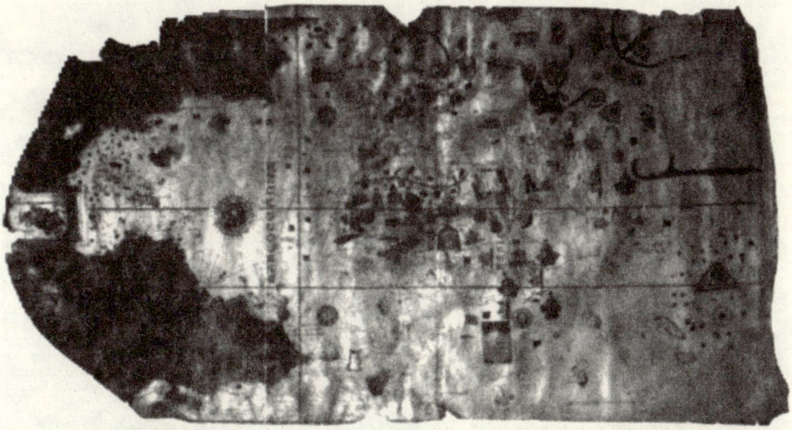

Fig. 11. *O mapa de Juan de la Cosa resumia o nosso conhecimento da geografia nos princípios do século* XVI*; nele se incluem grandes porções do Novo Mundo.*

sistema solar. Não é uma hipótese trivial, mas temos de a aceitar para dar uma base à nossa compreensão das coisas.

Ao longo dos séculos temos desenvolvido instrumentos que nos têm permitido libertar um pouco da escravatura a que nos submete a força da gravidade, a força que nos mantém presos à Terra. Temos feito isso através de instrumentos como os telescópios. Na fig. 12 vemos um telescópio com um espelho de cinco metros de diâmetro e, junto a ele, vêem-se duas pessoas. A luz entra por cima e é recolhida e estudada nuns dispositivos situados no interior do telescópio. Desenvolvemos também tecnologias que nos permitiram libertar fisicamente da prisão da gravidade mediante (por exemplo) a invenção do foguete, cuja versão em combustível líquido se deve a Goddard (fig. 13), um americano que desenhou, construiu e fez voar o primeiro foguete de combustível líquido.

O motor do foguete está situado na parte superior da fotografia, enquanto na parte inferior se vêem os depósitos com os componentes do combustível que, através de uns quantos tubos, eram transportados para uma câmara de reacção. Aí misturavam-se ambos os líquidos que reagiam quimicamente e produziam uma quantidade enorme de gases que, ao tentarem expandir-se, eram expulsos para baixo, deslocando o foguete para cima, a uma grande velocidade.

Esta tecnologia concebida por Goddard, no princípio do nosso século, desenvolveu-se de maneira extraordinária e hoje em dia todos conhecemos

Fig. 12. *Desde que se inaugurou, em 1948, o telescópio com espelho de cinco metros de diâmetro, no monte Palomar, Califórnia (EUA), o nosso conhecimento do Universo aumentou espectacularmente. (Compare-se o tamanho do telescópio com o das pessoas que aparecem na imagem). (Astronomical Society of the Pacific).*

o *space shuttle*, o lançador espacial que, montado num tanque de hidrogénio líquido, e com os dois *boosters* – os dois foguetes de combustível sólido nos lados –, permitem a libertação da força da gravidade terrestre. Atingiu-se o regular uso de motores de reacção que leva o lançador a uma velocidade superior aos 11,2 km/s, que é a velocidade necessária para escapar à atracção terrestre (chama-se velocidade de escape), e a colocar-se em órbita, girando em torno da Terra. Fora das perturbações produzidas pela atmosfera terrestre, assim como das próprias distorções que se verificam no campo da gravidade do nosso planeta, é muito mais fácil realizar experiências de física e fazer uso dessa maravilhosa capacidade que tem o ser humano de se deslocar para além do seu lugar físico no Universo.

A partir do espaço, quando um lançador como este (fig.14) coloca um satélite com um telescópio em órbita, fora da atmosfera, estabelece-se uma comunicação entre a nave espacial e a Terra através de emissores muito sofisticados.

Fig. 13. *O grande engenheiro e físico dos Estados Unidos, R. Goddard, foi o pioneiro mais notável no desenvolvimento do foguete com combustível líquido, um elemento essencial para poder escapar à gravidade terrestre. Aqui vemos Goddard junto do seu primeiro protótipo de foguete com combustível líquido, momentos antes de o lançar, em 16 de Março de 1926.*

Os dados são recebidos através de antenas pelas quais os sinais provenientes do satélite que serve de plataforma ao telescópio são conduzidos aos receptores que os visualizam ou traduzem noutras formas de registo permitindo-nos assim esquadrinhar o Universo em condições que são impossíveis a partir da Terra. Esses sinais chegam ao disco (geralmente de forma parabólica) da antena, reflectem-se nele, são recolhidos num ponto próximo da região central e enviados a um receptor onde são lidos e depois enviados por cabos ou por microndas para os observatórios onde os astrónomos os interpretam. Um instrumento típico dos que estão no espaço é o *Hubble Space Telescope* (fig.15). Este instrumento responde ao paradigma que acabamos de descrever, com a particularidade de o satélite ter transportado um telescópio com um espelho de 2,5 metros de diâmetro. Um telescópio colocado no espaço a girar em volta da Terra, de forma muito estável, graças a sistemas de giroscópios e a volantes de inércia extraordinariamente sofisticados.

Fig. 14. *O lançador espacial da NASA representa um avanço essencial na abertura da fronteira do espaço à ciência. Isto deve-se à capacidade que oferece para utilizar órbitas terrestres entre 300 e 500 quilómetros para satélites científicos como, por exemplo, o telescópio espacial Hubble, ou ainda para reparar ou substituir instrumentos instalados nos satélites.*

Fora da atmosfera terrestre olha o Universo e pode ver as estrelas em diferentes comprimentos de onda, que são absorvidos pela atmosfera terrestre, o que significa que, em Terra, não seria possível conhecê-los. No telescópio espacial, por estar acima da atmosfera terrestre, as suas lentes não têm pela frente uma longa camada de ar e não estão, por isso, sujeitas aos efeitos de turbulência nem a efeitos de difracção da luz que a atmosfera produz. Assim, a capacidade do telescópio para distinguir pormenores é extraordinária. Por exemplo, na nebulosa do Dourado (uma constelação do hemisfério sul) descobriu-se uma região em que há grânulos de poeira que estão a condensar-se, juntamente com os gases envolventes, para dar lugar a estrelas. Poeiras que se estão concentrando graças à força da gravidade, de que falaremos mais adiante, e que conforme se comprime gera pressões enormes, que em determinado momento chegam a ser tão extraordinariamente altas que se produz uma reacção nuclear. Esta reacção nuclear gera, por sua vez, uma estrela; na fig. 16 estamos a assistir ao processo no qual, embora ainda não se tenha formado a estrela, já começou a haver brilho, a haver emissão de luz devido à pressão a que está submetido o material

Não poderíamos ter observado estes processos se não dispuséssemos deste tipo de instrumentos. Na fig. 17 vemos algo sobre o que é especial-

Fig. 15. *O telescópio espacial Hubble, da NASA e da ESA. Desde o seu lançamento e posterior colocação na posição previamente calculada, tem-nos fornecido dados que estão a alterar profundamente as nossas ideias sobre o cosmo (NASA).*

mente importante centrar a nossa atenção: é uma galáxia muito conhecida, a de Andrómeda; uma galáxia que se verá – mesmo à vista desarmada – se, no inverso, se sair à rua, numa zona relativamente escura, olhando na direcção de norte e localizando a constelação de Andrómeda. A pequena mancha ligeiramente oval ver-se-á tanto melhor quanto mais escuro e elevado for o local. Se a Lua não estiver à vista nessa noite de Inverno, a pequena mancha apresenta um tamanho muito maior.

Faça-se a prova contemplando a galáxia a partir de um local com alguma poluição luminosa, e depois saindo para o campo para repetir a observação com o céu muito escuro. É uma galáxia que se parece muito com a nossa própria galáxia. Imaginemos que estamos a observar um ovo estrelado e em vez de o olhar de frente o olhamos de lado: isso é o que aqui se vê, o que se vê a partir da Terra. Esta galáxia é uma dos dez mil milhões de galáxias que há no Universo e que por sua vez contém no seu interior uns cem mil milhões de estrelas. A fotografia que se reproduz na fig. 17 foi obtida com luz visível, através de um telescópio instalado em Terra. Pelo facto de a luz atravessar a atmosfera, a informação que nos chega é relativamente incompleta, já que só nos chega uma parte muito limitada do espectro electromagnético. Apesar disso, observamos aqui algo que iremos encontrando ao longo de cada uma das fotografias das diversas estruturas que vamos vendo. Dar-nos-emos conta da quantidade de estruturas que se vêem dentro da nossa própria galáxia. Se olharmos para o seu interior veremos que nele existe uma estrutura, há grandes «ruas» desenhadas por zonas como que nubladas por pó. Cada amontoado de pó pode ser uma estrela ou dezenas de estrelas.

Vê-se que sempre que há uma acumulação de matéria se forma uma estrutura; a matéria tende a estruturar-se em si mesma. Como se estrutura? Pensamos, nos finais deste século, que a forma como a matéria se dispõe é algo que depende das forças que actuam entre a própria matéria assim como das propriedades colectivas do sistema de matéria que se está a estudar. Esta galáxia, que também se chama M31, para além de galáxia de Andrómeda, tem dois satélites: um chama-se M32 e o outro NGC 205. Estas são pequenas galáxias satélites de M31 e, da mesma maneira que a Lua gira em volta da Terra e é seu satélite, M31 tem uma massa tão elevada e, consequentemente, uma gravidade tão poderosa, que é capaz de conse-

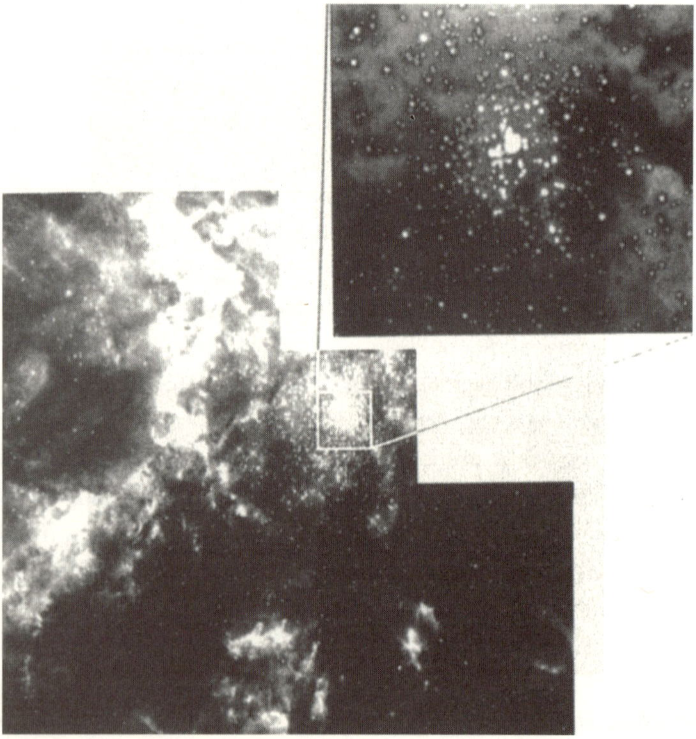

Fig. 16. *Nebulosa na constelação do Dourado, no hemisfério sul, tal como a mostra o telescópio espacial. Nesta região do espaço estão-se a formar estrelas que em algum momento brilharão com luz própria. (NASA).*

guir que outras galáxias, por sua vez constituídas por milhares de milhões de estrelas, sejam seus satélites. Da mesma forma que a Lua gira à volta da Terra em 28 dias, estas galáxias gastam milhões de anos a dar uma volta em torno de M31. Assim se prova como, a todas as escalas, a matéria tende a agrupar-se.

Quando se utilizam os instrumentos a bordo de satélites, capazes de observar o Universo em comprimentos de onda que a atmosfera absorve e por isso nos é impossível observar a partir da superfície da Terra, emerge uma noção do Universo que corrige muito a que teríamos se apenas pudéssemos observar luz visível. Se se utilizam radiações com comprimentos de onda diferentes dos comprimentos das ondas visíveis, descobre-se que os objectos têm uma estrutura mais complexa do que antes se pensava. Na fig. 18 aparece a galáxia de Andrómeda em luz visível, isto é, nos compri-

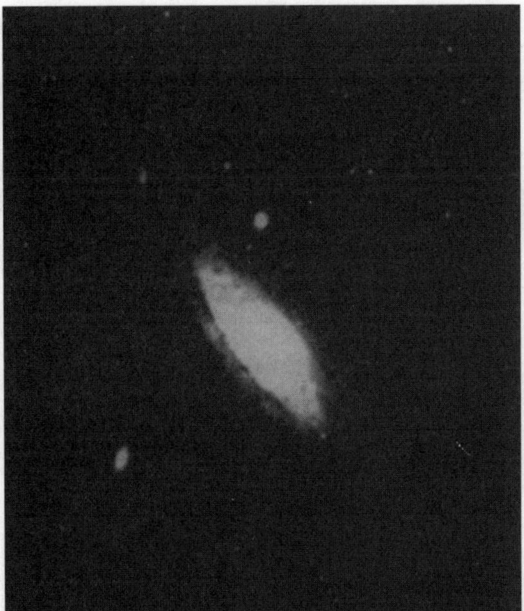

Fig. 17. *A galáxia M31 na constelação de Andrómeda, tal como se vê com um telescópio de amador. O facto de se ter provado que as suas estrelas formavam um conjunto independente da Estrada de Santiago ou Via Láctea, foi essencial para concluir que o Universo era muito maior do que se pensava até ao início deste século. As duas manchas luminosas são duas galáxias satélites da M31. (©Hale Observatories).*

mentos de onda em que a vemos. Na parte da direita mostra-se uma fotografia da mesma galáxia obtida por um satélite chamado *Infrared Astronomy Satellite (IRAS)*: é uma fotografia obtida em infravermelho.

Vê-se claramente uma grande quantidade de detalhes que não aparecem na fotografia da parte esquerda; a escala é a mesma. É evidente que esta galáxia emite muita luz em algumas regiões, mas num comprimento de onda que nós não vemos, no infravermelho.

Perante estas figuras, é evidente que quando observamos o Universo não deveremos pensar que o que observamos à primeira vista é tudo o que há; existe muito mais, o que significa ser extraordinariamente importante desenvolver instrumentos para complementar os nossos cinco sentidos, instrumentos que nos permitam aumentar o nosso conhecimento. Até agora temos estado a descrever o Universo nas suas grandes escalas, tomámos o caminho do muito grande. Fizemo-lo dando a mão ao espírito de Goddard, montámo-nos no lançador espacial, fomos ao espaço e entrámos no telescópio espacial. Na realidade não faz falta ir ao espaço para utilizar o telescópio espacial: se formos a qualquer laboratório do mundo que esteja ligado

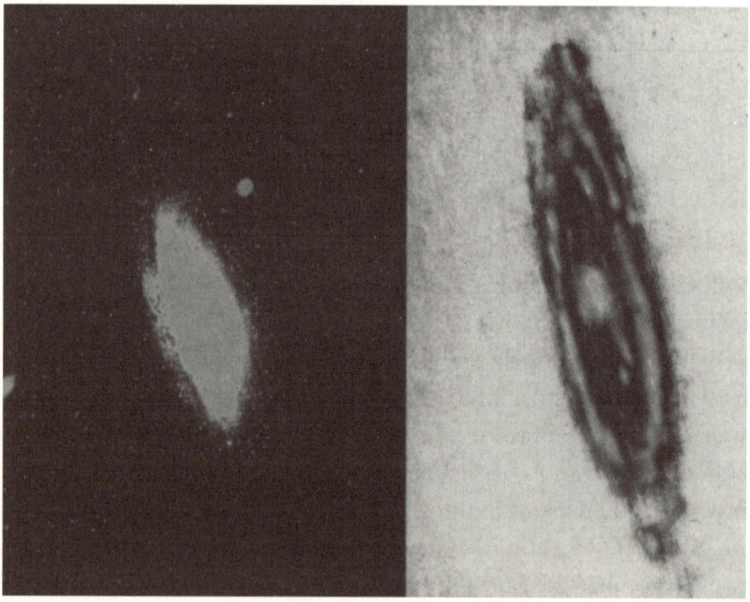

Fig. 18. *A galáxia de Andrómeda vista com luz visível e em infravermelho (metade direita). Notam-se as diferenças em ambos os tipos de luz, o que claramente nos diz que há muito mais estruturas do que a que se observa com luz visível. (JPL/NASA).*

à Internet, sentando-nos em frente a um computador, a tecnologia actual permite-nos operar o telescópio e observar como qualquer astrónomo que estivesse no telescópio espacial. O que fizemos até agora foi observar o Universo às escalas muito grandes, a escalas muito superiores ao tamanho do sistema solar, muito superiores ao tamanho de uma galáxia, a escalas de dezenas de galáxias, como nas fotografias com que iniciámos este passeio pelo Universo.

Agora vamos iniciar um caminho inverso: vamos até ao muito pequeno. Para isso, os instrumentos que fazem falta são muito diferentes. São instrumentos baseados em princípios completamente diferentes dos que se usam para o muito grande e que fundamentalmente fazem uso da óptica clássica e suas aplicações e extensões. Para poder estudar o microcosmo em geral temos de desenhar algo parecido aos supermicroscópios, desenhar instrumentos que nos permitam entrar nos detalhes mais pequenos da matéria, que nos permitam esquadrinhar a matéria nas suas expressões mais íntimas.

A fig. 19 mostra um tipo de máquina chamada acelerador de partículas, no qual há duas câmaras com o aspecto de D, construídas em metal; no centro injectam-se – de maneira semelhante ao que se faz no tubo de um televisor – alguns electrões e protões. Primeiramente tapam-se as peças em forma de D, faz-se o vácuo na câmara, injectam-se os protões e aplica-se um campo eléctrico alternante aos dois D; previamente tudo tinha sido submetido a um intenso campo magnético. As partículas (protões, neste caso) começam a girar e, conforme vão girando, passam de um D para o outro e aceleram, como se levassem um empurrão. Ao fim de algumas dezenas de milhares de empurrões, as partículas vão dando voltas e quanto mais velocidade têm maior é a órbita que descrevem, chegando a um momento em que alcançam o raio máximo do interior da máquina; escapam com velocidade próxima da da luz por um tubo lateral e são lançadas contra um alvo. Quando isto acontece descobrem-se – se esse alvo é, por exemplo, uma lâmina de cobre, e as partículas o atingem com uma direcção perpendicular – os átomos de cobre que existem no seu interior e os núcleos de cobre que há dentro dos átomos. Os núcleos excitam-se devido à colisão com as partículas aceleradas e desexcitam-se emitindo outras partículas. Lançar estes projécteis contra um alvo e depois estudar o que se produz, é uma maneira de ver a estrutura do que existe no seu interior.

Para entender melhor o que acontece, imaginemos a seguinte experiência: uma cortina pendurada e, por detrás dela, alguns pedaços de metal: um

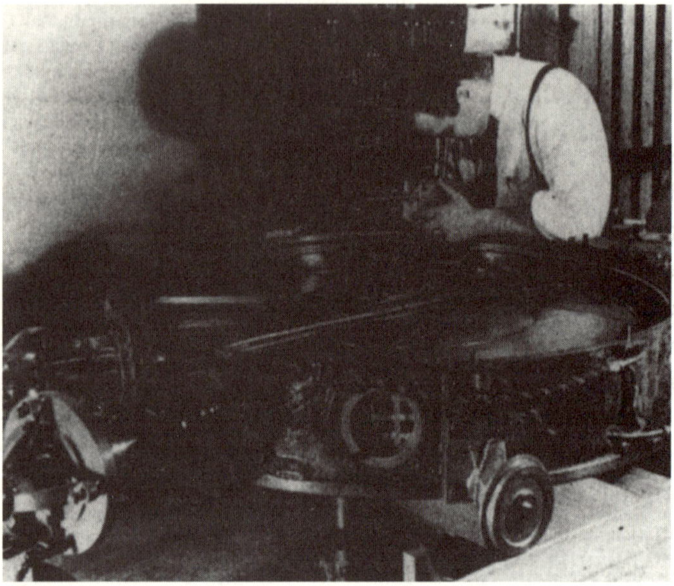

Fig. 19. *Um dos primeiros aceleradores de partículas elementares: um ciclotrão. O que se mostra aqui aberto para manutenção é um modelo dos princípios do anos 40, que desempenhou um papel essencial na determinação de propriedades dos núcleos atómicos que se usaram no laboratório de Los Álamos para o desenho das primeiras armas atómicas. (Los Álamos Science).*

com forma quadrada, outro de forma redonda e outro com forma ovalada. Atrás da cortina e dos pedaços metálicos colocamos um ecrã de papel branco. Então, dá-se uma espingarda de pressão de ar a uma pessoa para que ela dispare chumbos contra a cortina. Conforme a pessoa atira os chumbos, estes chegam ao ecrã, embatem nele e deixam uma marca; mas se há um pedaço de metal pelo caminho, ele pára o chumbo. Se não há metal, o chumbo chega à cortina, atravessa-a, atinge o ecrã e sai sem se desviar. Se olharmos as marcas deixadas pelos chumbos sobre o ecrã, depois de muitos tiros, podemos perceber como estavam dispostos os pedaços de metal colocados atrás da cortina. É parecido o que sucede com os aceleradores de partículas.

Estudando como interagem os projecteis que se lançam com estes aceleradores, como chocam contra a matéria que constitui o alvo e estudando como se desexcita essa matéria, somos capazes de deduzir, por processos matemáticos, qual é a estrutura do que havia no interior do alvo. Desta maneira pudemos descrever com grande detalhe qual é a estrutura do átomo, qual é a estrutura do núcleo que compõe o átomo e, nos últimos 40-50 anos, essencialmente, fomos capazes de detectar e entender com grande precisão os segredos do próprio núcleo atómico (fig.20).

O núcleo atómico é composto por protões e por neutrões. Protões e neutrões que, por sua vez, são compostos por quarks, dos quais falaremos mais adiante, em detalhe. Aumentando o tamanho dos aceleradores geram-se partículas com maior energia e, de acordo com o aumento dessa energia, mais pequena é a distância que somos capazes de esquadrinhar. Uma das máquinas com que actualmente se alcança maior energia chama-se LEP, acrónimo de Large Electron Positron. Esta máquina está no Conselho Europeu para a Investigação Nuclear (CERN), em Genebra, dedicado ao estudo não da física de reactores nucleares mas sim da estrutura íntima da matéria, da estrutura dos componentes do núcleo, dos protões e dos neutrões e de como os quarks que há dentro de cada protão e neutrão reagem entre si para configurar a matéria que conhecemos. Esta máquina tem uns 27 quilómetros de perímetro e é o acelerador que reproduzimos nas figs. 21 e 22. Encontra-se no interior do túnel assinalado na fig. 21 por uma linha ponteada e escavado debaixo das montanhas do Jura, perto do aeroporto de Genebra.

Pois bem: nesta máquina, em diversos túneis, em diversas zonas experimentais estrategicamente colocadas, estuda-se como colidem os positrões e os electrões que giram em direcções contrárias no interior do acelerador

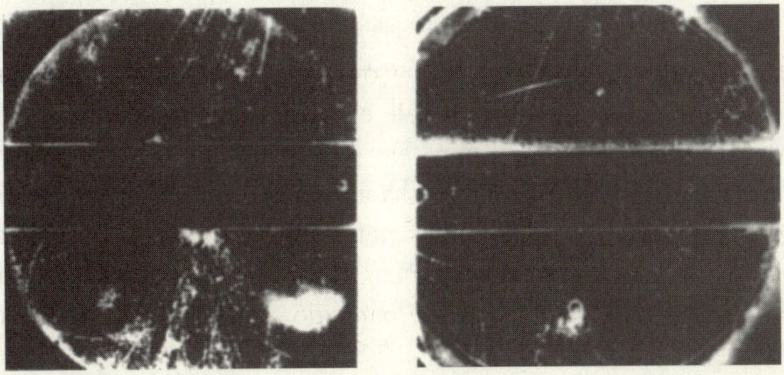

Fig. 20. *Uma colisão de partículas aceleradas contra um alvo (a banda escura no centro desta fotografia estereoscópica). Nota-se como a partícula que choca contra o alvo produz uma grande quantidade de outras partículas. A interpretação é que a energia da partícula incidente era suficientemente alta para excitar o vazio no interior do alvo, que se desexcitou emitindo novas partículas para o outro lado do alvo.*

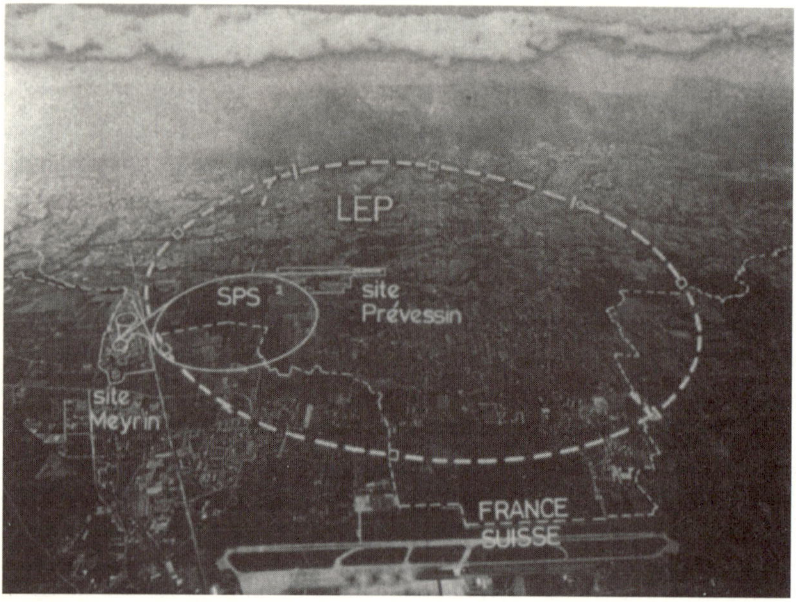

Fig. 21. *O LEP, nas proximidades de Genebra, está construído no interior do túnel representado nesta fotografia aérea pelo círculo a tracejado. Vêem-se, para além do aeroporto de Genebra, o CERN à esquerda e, à direita da fotografia, o maciço do Jura. (CERN).*

e, vendo os resultados destas colisões, deduz-se qual é a estrutura da matéria. Por outras palavras, como se estabiliza o vazio. Na fig. 22 vê-se o interior da máquina; vê-se o túnel e parte do acelerador que está dentro dele. São 27 quilómetros de maquinaria, uns ímanes supercondutores, pelo centro dos quais passa um tubo no qual se fez o vácuo quase perfeito; aplica-se um campo magnético para que os electrões e os positrões no interior deste tubo mantenham uma trajectória curva; mediante uns empurrões que se dá, através de radiofrequência, aos positrões e electrões, aumenta-se a sua velocidade, são acelerados, e estudam-se os efeitos das colisões entre electrões e positrões, matéria e antimatéria, nas zonas experimentais atrás mencionadas.

Assim, por exemplo, ao lançar matéria contra antimatéria, quando os dois componentes colidem excitam o vazio, injectam-lhe toda a sua energia e o vazio tende a desexcitar-se em qualquer componente acessível a essa energia. Desta forma pudemos descobrir «fósseis» do passado mais primitivo do Universo, de quando o Universo tinha menos de um microssegundo ou de quando o Universo tinha menos de um picossegundo (uma

Fig. 22. *No interior do túnel do LEP há milhares de ímanes supercondutores como o que se vê nesta fotografia. Para levar por diante projectos desta envergadura é necessária a colaboração de mais de uma dúzia de países, milhares de engenheiros e cientistas e um casamento feliz entre ciência básica e tecnologia. De projectos como este se obtêm dividendos como, por exemplo, a tomografia assistida por computador, tão importante na medicina moderna (CDTI).*

bilionésima de segundo). O que se faz com estes aceleradores é equivalente a recriar as condições que tiveram lugar durante a origem do Universo, numa região extraordinariamente pequena do espaço-tempo. O que nos mostra este tipo de experiências é que dentro de nós, dentro de qualquer grão de matéria, dentro da matéria vulgar que vemos, existem restos, há informação acerca do passado.

Isto que se verifica na física, que tudo tem informação sobre tudo, é um tema recorrente em ciência. Nós próprios vemos as nossas células e vemos sinais dos nossos antepassados. Acontece o mesmo com a matéria e com o vazio: dentro deles há uma espécie de marca impressa pela própria evolução da natureza.

Depois da anterior introdução sobre os instrumentos e como está organizado o Universo, vamos dar um passeio através dele para depois finalizar falando dos seus elementos constituintes. Seguidamente, estudaremos o que se deduz de todo ele e assim poderemos responder à pergunta: o que sabemos do Universo?

Se viajássemos até às maiores distâncias que somos capazes de esquadrinhar e fizéssemos um mosaico com cada uma das imagens obtidas ao olhar em direcções diferentes, seríamos capazes de construir algo parecido com o que vemos na fig. 5: o mosaico do APM, que foi feito com placas fotográficas de diferentes zonas do firmamento obtidas através de telescópios situados no hemisfério norte e no hemisfério sul da Terra. As placas fotográficas obtêm-se com câmaras especiais montadas num telescópio, como por exemplo o de cinco metros, que vimos no princípio. Cada um dos pontos que se observam na fotografia são milhares de galáxias que existem na realidade. No total, nesta figura há uns dois milhões de galáxias. Recorde-se a galáxia de Andrómeda, essa «mancha» enorme constituída por milhares de milhões de estrelas. Pois bem, nesta fotografia não poderíamos ver ou localizar a galáxia de Andrómeda. Na figura vemos a imagem mais completa da geografia que conhecemos do Universo. É como se abríssemos um atlas do mundo na página em que se vê o mapa-múndi que contém toda a Terra com os sete mares, os sete climas e os cinco continentes. Verificamos que a forma como se distribuem as galáxias conferem ao APM um aspecto granular, que em algumas zonas as galáxias tendem a acumular-se, a juntar-se. Noutras regiões tende a haver vazios, onde não há galáxias. A estas escalas o Universo é mais ou menos homogéneo, há tantas galáxias como vazios, repartidos de forma equitativa. Isto é o que sabemos nos finais do século XX. No princípio do século não se tinha este conhecimento e foi o génio de um geofísico russo, apaixonado pelas matemáticas, Alexander Friedmann, que imaginou que se se aplicasse a teoria geral da relatividade de Einstein ao Universo e se se imaginasse o Universo assim, homogéneo e isotrópico às maiores escalas concebíveis, se concluiria que o Universo se expande, e poder-se-ia descobrir uma série de propriedades que o Universo deveria ter. Há que ter em conta que estamos a começar a falar de um instrumento que não mencionámos até agora, o da mente humana. Utilizando-a de maneira adequada, seremos capazes de imaginar situações que mais tarde descobrimos existirem no Universo. (Friedmann, que publicou os seus trabalhos de cosmologia no princípio dos anos 20, era meteorologista e morreu de uma pneumonia: subiu num balão para fazer as suas observações meteorológicas e apanhou uma constipação mortal).

A luz demora uns 12 mil milhões de anos a percorrer o espaço que nos separa dos objectos mais distantes que aparecem na fotografia. Por que dizemos uns 12 mil milhões de anos? Estas são as distâncias maiores que temos sido capazes de esquadrinhar e recentemente fizeram-se observações que nos permitem pensar ou supor que, após muitas extrapolações, algumas certamente não muito correctas, que a idade do Universo, avaliada nestas enormes escalas de distâncias, deverá ser pouco superior aos 12 mil milhões de anos. Por isto dissemos anteriormente que a luz demora cerca de 12 mil milhões de anos a percorrer o espaço que nos separa do fundo que o APM mostra. Se voltarmos a uma dessas «pequenitas» peças já comentadas, descobrimos que o que há dentro delas é algo similar ao que se mostra na figura do aglomerado (fig. 6). É um aglomerado de galáxias no qual esses enormes aglomerados de estrelas se apresentam com aspectos muito diferentes; uma galáxia que parece um ovo estrelado, visto de lado, é denominada galáxia espiral. Também há outras galáxias de forma oval chamadas galáxias elípticas, assim como outras mais cuja morfologia é irregular. À medida que se progride nesta viagem imaginária através do Universo, vão-se descobrindo novas estruturas, como, por exemplo, acontece no aglomerado de galáxias da fig. 6. A luz demora a percorrer a distância que nos separa dos objectos desta figura, uns cem milhões de anos. Reduzimos consideravelmente o tamanho deste mosaico do APM. Se «entramos» numa dessas galáxias e olhamos para ela, descobrimos algo como o que se vê na fig. 7: um objecto com várias estruturas. É uma galáxia que se chama M81, que tem também forma de ovo estrelado, de espiral, vendo-se o mesmo que se via na galáxia Andrómeda, em M31. Percebemos que o ovo estrelado tem muita estrutura interior, com «ruas» de pó, zonas em que há acumulações de estrelas; por isso elas se vêem brilhantes numas regiões e obscuras noutras. Vemos, para além disso, que no interior, se caminharmos para o centro da galáxia, a estrutura se repete, no sentido de que os braços da galáxia mostram uma certa periodicidade, uma repetição de formas. É como se as coisas se fossem repetindo, como se dentro de um ovo houvesse outro ovo e dentro deste outro e assim sucessivamente... Isto repete-se em toda a morfologia do Universo. Mas, qualitativamente, o que há numa zona da fotografia é muito diferente do que há noutra zona: especialmente o centro é muito diferente do resto; é um enigma. Pensamos que há ali um buraco negro supermassivo, mas isto não se sabe com certeza, é uma especulação teórica. Quanto a essa galáxia que descrevemos, M81, se a pudéssemos rodar e colocá-la de lado, veríamos o que se vê na fig. 23, que é uma galáxia na constelação da Cabeleira de Berenice, vista de lado. Quando à noite saímos para o campo e olhamos o céu vemos (parte superior da fig. 23) que há uma faixa mais brilhante do que o resto do céu; é o que chamamos a Via Láctea ou Estrada de Santiago.

É o que vemos da nossa galáxia quando olhamos na direcção dos seus braços e de lado: essa grande acumulação de estrelas indica a direcção do

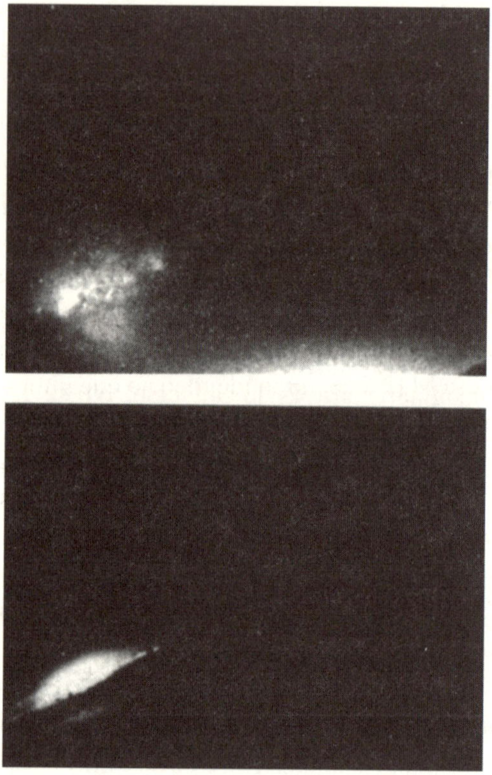

Fig. 23. *A nossa galáxia, a Via Láctea ou Estrada de Santiago (em cima) e uma galáxia, que neste exemplo é NGC 4565, vista de lado. Quando olhamos a Via Láctea estamos a ver parte da nossa galáxia, de lado, de modo semelhante ao que acontece com a NGC 4565, vista da Terra. Observe-se a semelhança de estruturas. A fotografia da Via Láctea foi feita com uma câmara de 35 mm e uma lente de olho de peixe (William K. Hartmann); a de baixo foi feita com um grande telescópio.*

plano galáctico. Se nos dirigíssemos para um dos braços da galáxia e, no seu interior, a observássemos com maior detalhe, verificaríamos de imediato que há zonas em que se podem acumular – num volume muito reduzido – qualquer coisa como 250 mil estrelas; estrelas como o Sol, estrelas quentes de cores diferentes, azuis, amarelas, de diferentes tipos, mas todas unidas por essa «cola» do Universo que é a gravidade, a força gravítica. Estas acumulações de estrelas em forma de grandes grânulos vêm-se, por exemplo, numa galáxia como a que se mostrou antes, na fig. 7, a M81, como pontos brilhantes distribuídos nos seus braços e correspondem às acumulações de estrelas: são os aglomerados globulares dessa galáxia. Sigamos o nosso caminho desde os aglomerados de estrelas como esses e vamos a outras zonas nas quais possamos ver mais propriedades da nossa galáxia, a escalas mais pequenas.

Se é Outono ou Inverno, de noite, e há uma janela voltada para sul e possuímos um binóculo que aumente, por exemplo, umas oito vezes, e formos capazes de descobrir o cinturão de Oríon – que são as três estrelas que estão ligeiramente separadas na horizontal – veremos três estrelas de menor brilho que parecem pender da que está mais à esquerda, das três horizontais; se olharmos com o binóculo para as proximidades da que fica no meio, descobriremos a maravilha que se vê na fig. 24. Esta maravilha chama-se a nebulosa M42 e de modo idêntico ao que vimos no princípio na Introdução, quando falámos da nuvem de poeiras no Dourado, aqui o que há são amontoados de poeiras e gases submetidos à força da gravidade. A força gravítica faz com que essas concentrações de gases e poeiras se comprimam e que em determinados sítios comecem já a emitir luz visível; de outras zonas começámos a receber radiação ultravioleta, por outras razões e por detrás desta poeirada há outras estrelas onde gases e poeiras já se juntaram tanto que resultou uma reacção termonuclear que deu origem a que se tivessem acendido essas estrelas, como se fossem sóis muito brilhantes que agora estão a iluminar as poeiras nessa região. Cada um dos amontoados de gases e algumas poeiras que constituem esta nebulosa M42, a nebulosa de Oríon, tem um tamanho comparável ao da Terra.

Fig. 24. *A nebulosa de Oríon vista com um telescópio de amador.*

Se olharmos através de um telescópio espacial essa mesma zona do espaço (fig. 25) descobrimos algo extraordinariamente impressionante, poderoso, que nunca se tinha visto até ao princípio do ano de 1994, quando se obteve esta imagem.

Observamos no centro da fotografia uma espécie de grânulo; este grânulo é uma zona onde o gás quente e grandes amontoados de gases e poeiras se acumularam, por razões que a física ainda não explica completamente, mas que se acumularam e se estão a juntar para dar início a uma reacção nuclear e ao nascimento de uma estrela. Dentro de cinco, dez, cem, mil ou um milhão de anos, isto será uma estrela. E, provavelmente, uma parte do material que há em volta desta estrela ter-se-á convertido em planetas e talvez se gerem condições que conduzirão a algo parecido à vida que nós conhecemos no planeta Terra.

Se continuarmos a nossa viagem em direcção ao mais pequeno, observaremos estrelas comuns como as que se estão a formar aqui e encontraremos outras semelhantes ao nosso Sol.

Na fig. 26 aparece uma fotografia do Sol visto num comprimento de onda designado hidrogénio alfa. Verificamos que o Sol é ainda mais

Fig. 25. *Detalhe da nebulosa M42 na constelação de Oríon. Assim se pode vê-la com o telescópio espacial Hubble. Surpreendentemente, com um simples binóculo, embora não se apreciem os detalhes que se vêem aqui, tem-se a intuição deles; será muito interessante observá-la com binóculos depois de ter visto a fotografia que aqui se mostra. (NASA).*

imperfeito do que o que Galileu descobriu, e que quase lhe custou a vida na fogueira. Vemo-lo cheio de turbulências, protuberâncias, manchas (as chamadas manchas solares, que são outro tipo de fenómenos que ocorrem na superfície do Sol, descobertas por Galileu) onde, devido às reacções nucleares que têm lugar no interior do Sol, há uma grande convecção de material solar desde a parte central até ao exterior, formando-se uma espécie de tubos pelos quais circula, a velocidades supersónicas, o material que forma o Sol. Imaginemos o Sol como uma laranja, e que a picamos com uma agulha de coser roupa e que no orifício que se fez, que vai desde a superfície da laranja até ao seu centro, havia correntes de convecção de material e de gás que entra e que sai. Quando o gás entra tem uma cor e quando sai tem cor diferente, porque a luz que o gás emite vai em sentido diferente; é isso que produz a estrutura granular do Sol. Visto de longe, o Sol é como uma grande esfera luminosa, na qual se observam irregularidades.

Caminhando no sentido dos objectos de menores tamanhos encontramos aqueles a que se chamam planetas gigantes gasosos como, por exemplo, o planeta Júpiter, que mostramos na fig. 27. Neste caso, o que aconte-

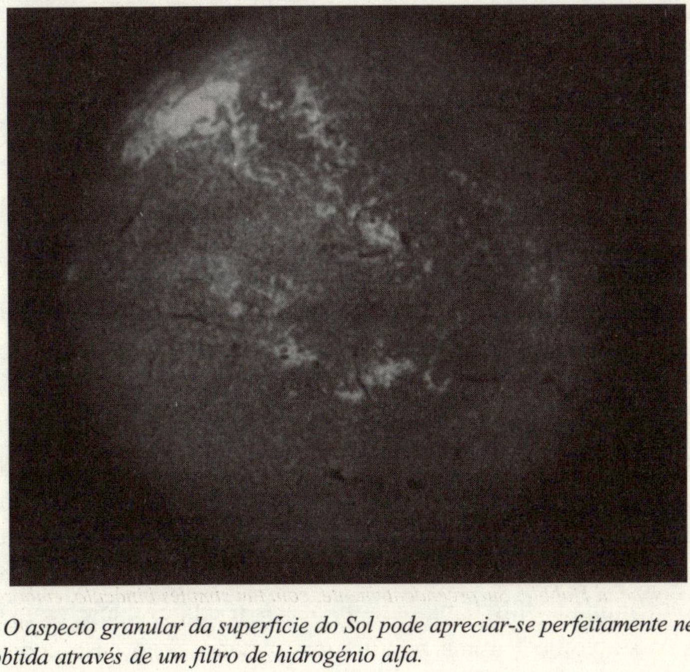

Fig. 26. *O aspecto granular da superfície do Sol pode apreciar-se perfeitamente nesta fotografia obtida através de um filtro de hidrogénio alfa.*

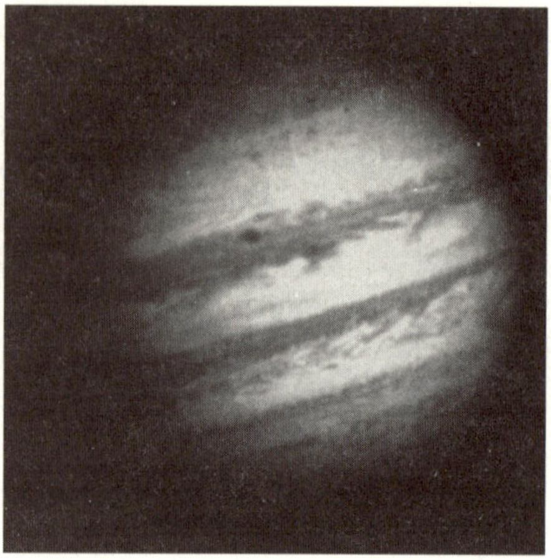

Fig. 27. *O planeta Júpiter numa fotografia obtida de muito perto, pela sonda Voyager 1 (viajante). Observa-se uma complicada estrutura na sua atmosfera e a passagem de um dos seus satélites entre o planeta e a nave Voyager. (JPL/NASA).*

ceu foi que a concentração de material que havia na zona primogénita, na qual se formou este objecto, não era suficientemente grande para que houvesse uma força de gravidade tão intensa que originasse as reacções nucleares; o objecto não se pôde aquecer o suficiente, não pôde gerar reacções nucleares no seu seio, mas gerou-se uma enorme nuvem de gás que, no caso de Júpiter, é constituída por metano e amoníaco, fundamentalmente. Pensa-se que no interior de Júpiter há uma esfera de vários milhares de quilómetros de diâmetro de hidrogénio metálico, um estado em que esse elemento químico não se conhece na Terra, mas as pressões são tão elevadas que o interior de Júpiter tem de estar no estado metálico.

Por fora há nuvens de metano e amoníaco movendo-se a cerca de 600 km/h. O amoníaco, ao circular a velocidades tão elevadas, roça a atmosfera e produz essas marcas tão peculiares que se vêem na atmosfera do planeta. Em particular, vê-se na fotografia que há um ciclone, conhecido como mancha vermelha, que tem mais ou menos o tamanho da Terra; vêem-se também manchas que são deixadas pelas correntes de metano e de amoníaco da atmosfera, circulando em sentidos contrários.

O tamanho de objecto imediatamente abaixo que conhecemos é outro gigante gasoso, como Saturno, no qual também não havia material acumulado em quantidade suficiente para iniciar as reacções nucleares. O material dispôs-se também numa bola de gás metano, e no caso concreto de

Saturno, rodeado de uma estranha configuração de material – em quantidades superiores às que se detectaram recentemente em volta de Júpiter, Úrano e Neptuno – que são os anéis de que hoje se sabe serem constituídos fundamentalmente por rocha de silicato e gotas de água cristalizada (cristais de gelo) girando em volta do planeta; têm diferente constituição química (fig. 28). A sua origem reside possivelmente no caos que afecta um sistema gravítico de muitos corpos.

O tamanho seguinte (fig.29), quando continuarmos a reduzir a escala nesta viagem que estamos a efectuar pelo Universo, é algo tão maravilhoso como o nosso planeta Terra, onde as nuvens e os ciclones que se vêem na fotografia são os equivalentes das tempestades de metano e de amoníaco que se viam na superfície de Júpiter. Vê-se claramente a diferença tão marcada que a constituição da atmosfera dá à morfologia de um planeta, ou à morfologia da sua atmosfera. Sobre um planeta como o nosso, o planeta Terra, no qual há água e uma série de elementos minerais muito importantes, sabemos que se dá um fenómeno extraordinariamente interessante a que chamamos vida, da qual nós somos exemplo. Esta vida, por sua vez, vê-se afectada pela interacção com o que há no meio exterior, muito longe da própria Terra. Se saíssemos à rua no mês de Julho, numa noite de Verão em que a Lua estivesse em fase nova, isto é, que a Lua não fosse observável, e olhássemos para a constelação do Escorpião, veríamos que

Fig. 28. *Saturno numa fotografia obtida pela Voyager 2. Dos seus famosos anéis sabemos hoje que são uma manifestação do caos no sistema solar (JPL/NASA).*

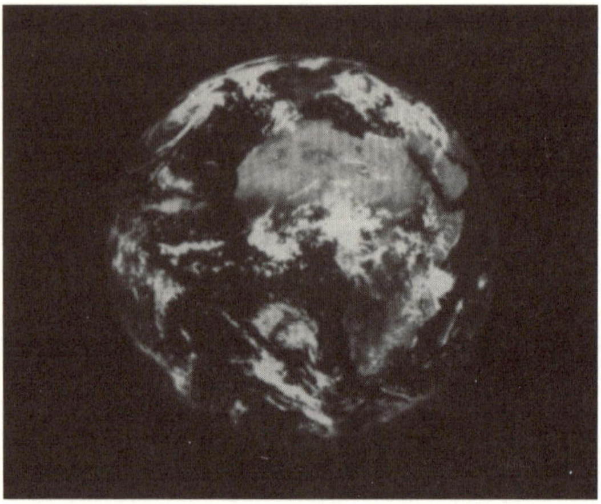

Fig. 29. *É assim que vêem a Terra os astronautas quando vão à Lua, ou as câmaras de televisão das sondas espaciais como a* Galileu *(ESA).*

há uma zona muito escura que contrasta com regiões de muita luminosidade e que se chama o Saco de Carvão no Escorpião. Também se vêem as estrelas do Escorpião como Antares. Da zona do Escorpião que está na direcção do centro da nossa galáxia – onde existe uma grande acumulação de estrelas – emanam umas radiações chamadas raios cósmicos. Muitos deles atravessam a atmosfera terrestre e, ao fazê-lo, bombardeiam as plantas, as células do corpo do leitor, os núcleos e os cromossomas de diferentes seres vivos, alterando a sua forma de vida porque alteram alguma molécula de DNA. A nossa forma de vida evolui de maneira tal que se adapta perfeitamente ao tipo de bombardeamento a que estamos submetidos pelos raios cósmicos e que, por sua vez, está muito condicionado pela presença da atmosfera terrestre, que trava essas partículas que nos chegam do centro da nossa galáxia. Mas, se não existisse atmosfera, aconteceria o que vemos na fig. 30: um cristal de rocha lunar. Trouxe-se uma rocha da Lua, tendo sido depois talhada e polida, como se faz a uma jóia. Quando se observa a rocha com uma lupa, vêem-se uns cristais parecidos com o cristal de rocha nos quais há como que traços de comprimentos entre meio milímetro e um milímetro. Trata-se de uma espécie de arranhões produzidos num cristal de quartzo por um raio cósmico que chegou à superfície da Lua, vindo da região central da nossa galáxia.

Como a Lua não tem atmosfera, porque não existe gravidade suficiente para reter os gases à sua volta, envolvendo-a, protegendo-a, os raios cós-

Fig. 30. *Rocha lunar polida. Observam-se as múltiplas marcas, em forma de riscas, produzidas pelos raios cósmicos. O tamanho médio das marcas é de cerca de um milímetro.*

micos chegam à sua superfície sem que nada os trave e, ao chocar com o cristal de quartzo, que é duro, produzem esses arranhões que observamos na fig. 30. Quando os raios cósmicos chegam à Terra e chocam com os seres vivos, com o nosso DNA, alteram-nos e produzem mutações que nos modificam e nos fazem evoluir por interacção com o resto do Universo. A meio deste passeio, do grande ao pequeno, na escala seguinte encontramo-nos com algo fascinante, o ser humano, que é capaz de imaginar coisas maravilhosas como a música, a pintura ou a própria ciência, produtos da sua imaginação e de complexos processos químicos e físicos no seu interior. A transcendência da nossa imaginação manifesta-se não apenas criando fórmulas e gerando tecnologia mas também produzindo isso a que chamamos arte.

Prossigamos a nossa viagem. No interior dos seres humanos verificamos que somos constituídos por células e por sangue e que dentro do sangue há glóbulos vermelhos e glóbulos brancos. Se entrarmos nos próprios glóbulos ou no interior das células, encontramo-nos com estruturas como o DNA, um dos ácidos nucleicos. Na fig. 31 podemos ver uma fotografia da molécula de um ácido nucleico, de uma cadeia de DNA; esta fotografia foi obtida em 1988. Até esta data nada havia fotografado os ácidos nucleicos; apenas se imaginava, por estudos de cristalografia, etc., que os ácidos nucleicos tinham, efectivamente, esta estrutura em forma de hélice, mas ainda não tinha sido possível vê-los. Na fig. 31 mostramos uma fotografia

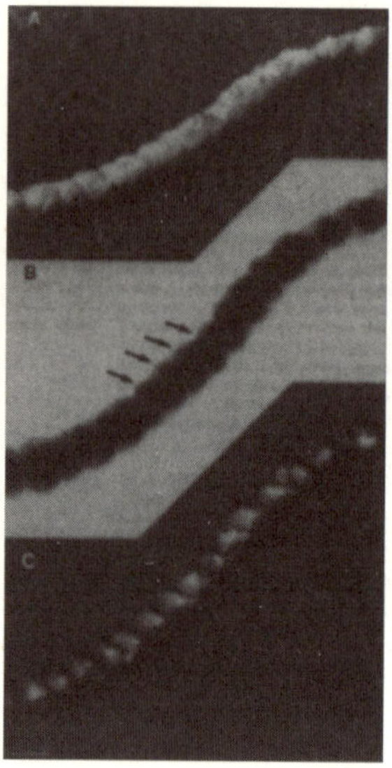

Fig. 31. *Primeira fotografia de uma molécula de DNA* (Science Magazine).

de ácido nucleico realizada com o *scanning tunnelling microscope*, o microscópio de efeito de túnel. Como podemos comprovar, o que se pensava que era a estrutura do ácido nucleico coincidia, efectivamente, com o que ela é, na realidade. Se pudéssemos entrar numa molécula desses ácidos nucleicos descobriríamos outros componentes muito elementares da matéria mas, no entanto, não são os mais fundamentais que conhecemos. Trata-se dos átomos.

Na fig. 32 mostra-se uma camada de átomos de enxofre sobre uma camada de molibdeno; vêem-se perfeitamente os átomos individuais de enxofre como pequenas bolas e, mesmo assim, a imagem foi obtida com o *scanning tunnelling microscope.* No entanto, não somos capazes de ver o que existe no interior do átomo, ainda não fomos capazes de inventar nenhum instrumento que nos permita «fotografar» alguma coisa mais pequena que um átomo, ou fotograficamente inferior a esse objecto; mas do que somos capazes é, mediante o uso de aceleradores de partículas (fig. 33) e auxiliados pela imaginação que criou *Also Sprach Zarathustra* ou *Las Meninas* e com que se inventam estas teorias, de inferir qual é a estrutura do Universo a escalas mais pequenas, inferiores ao átomo. Sabemos que no seu interior há um núcleo constituído por protões e neutrões. E assim chegamos quase ao final do nosso périplo pela geografia do Universo.

Fig. 32. *Átomos de enxofre sobre um substracto de molibdeno. Nesta fotografia, os átomos de enxofre são os objectos esféricos distribuídos de forma regular sobre o molibdeno.*

No que se segue até ao final deste capítulo recordaremos como o Universo que conhecemos se pode descrever graças a quatro forças diferentes e graças aos quarks e leptões, juntamente com o vazio e o espaço-tempo. Com estes componentes descrevemos tudo o que observamos como manifestação do subatómico. Toda a matéria que conhecemos se pode descrever com base em alguns componentes que o homem primeiro imaginou e depois descobriu experimentalmente, chamados quarks e leptões.

O homem detectou a existência de vários tipos de quarks e leptões. Os quarks compõem os protões e os neutrões, dos quais somos feitos. Os leptões, cujo elemento mais simples é o electrão, e os quarks interactuam através de quatro forças: a da gravidade, a fraca, a electromagnética e a forte (os leptões não experimentam a força forte). Seguidamente, referir-se-á muito simplificadamente como cada uma destas forças é responsável por diferentes tipos de fenómenos.

A força da gravidade tem, num sistema de unidades em que a força forte tem força um, uma intensidade de 10^{-39}. Isto quer dizer, para os versados em números, um zero seguido de uma vírgula e depois 38 zeros e, na 39.ª posição, um um. A força da gravidade é responsável, por exemplo, pela queda de uma folha que eventualmente se soltasse deste livro. A força da gravidade é responsável em grande parte, pelo menos, pelo facto de as galáxias terem a estrutura que têm, é responsável por o mosaico do APM (fig.5) ter o aspecto que tem e por a Terra girar em volta do Sol. A força da gravidade é responsável por uma grande quantidade de fenómenos diferentes na natureza.

A força seguinte, das quatro que conhecemos, é a força fraca que é responsável por outro tipo de fenómenos. É responsável, por exemplo, pela

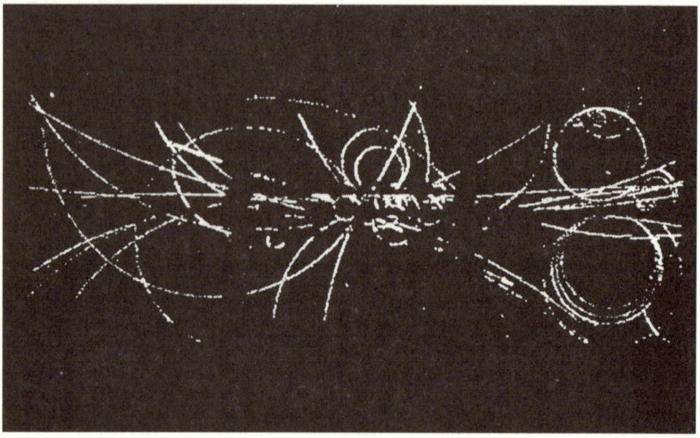

Fig. 33. *Estudando colisões como esta, através de complexos detectores, os físicos são capazes de reconstruir a natureza mais íntima da matéria e as propriedades das forças que actuam sobre ela. Aqui se mostra uma colisão típica no acelerador LEP, do CERN (CDTI).*

radioactividade beta, isto é, por os neutrões, quando estão livres – quando retiramos neutrões de um núcleo atómico e se permite que eles evoluam – se desintegrarem. Se se escolhesse uma colecção de cem neutrões, por exemplo, e os pudéssemos guardar numa caixa (falamos em sentido figurado), passados dez minutos só ficariam 50 neutrões, passados outros dez minutos existiriam 25 neutrões, dez minutos depois só restariam 12 ou 13 neutrões e assim sucessivamente.

A força fraca é responsável por este processo muito importante na natureza, porque se pensa que a estrutura helicoidal que, segundo vimos anteriormente, caracteriza os ácidos nucleicos, se deve precisamente à combinação da evolução nos seres vivos com a presença da força fraca, já que esta tem uma propriedade que não têm as restantes forças, a de distinguir entre esquerda e direita. A força fraca prefere a esquerda; enquanto outras forças interagem igualmente tanto à direita como à esquerda, a força fraca prefere interactuar predominantemente à esquerda. A força fraca, nesse sistema de unidades, tem força 10^{-5}. É 10^{34} vezes mais potente, mais intensa, do que a força da gravidade.

A força seguinte que conhecemos é a força electromagnética, responsável por muitos dos fenómenos que vimos registados nas fotografias anteriores. É responsável, por exemplo, pela existência da luz e pelas suas interacções. Grande parte da informação que nos chega do Universo (de facto, quase toda a informação que nos chegou do Universo e que fomos capazes de entender até 1987) era em forma de luz, que de uma maneira ou outra nos chegava como radiação electromagnética. Dizemos até 1987 porque foi nesse ano que se detectou a existência de neutrinos que chegavam de uma supernova que havia explodido na Nuvem de Magalhães, fig. 9, e de onde se obteve informação acerca da referida supernova, a 1987 N. A interacção ou força electromagnética é responsável pela química, é responsável em grande parte pela vida. Por isso, é responsável também, por exemplo, por alguns leitores estarem a interromper a leitura, por sentirem fome ou cansaço; é responsável por muitos de nós sofrermos e amarmos, porque controla o cérebro. E essa força tem intensidade 10^{-2}, no mesmo sistema de unidades em que a força da gravidade era 10^{-39}; a intensidade da força fraca é 10^{-5}.

Finalmente, há outra força, a força forte, responsável pela variedade de elementos que existem na natureza, como, por exemplo, o ferro, o oxigénio que compõe uma parte do ar, o carbono que há neste papel, o hidrogénio... A tabela periódica dos elementos deve-se precisamente à existência desta força forte. A força forte tem força um e é ela que define a escala de forças. A força forte e a força fraca só actuam no âmbito do núcleo atómico, a distâncias da ordem de 10^{-15} metros, isto é, um zero seguido de uma vírgula e, depois, 14 zeros e um um na 15.ª posição. É notável que uma força que actua num âmbito tão restrito gere uma variedade de elementos tão extraordinária como a que existe na tabela periódica. Pensemos na força da gravidade, que actua num âmbito muito mais extenso, actua a grandes distâncias; actua, por exemplo, no âmbito das galáxias, o que nos leva a supor que as galáxias se mantêm ligadas graças à dita força. Pensamos que o Universo se mantém ligado pela força da gravidade. É fácil imaginar que diversidade enorme esta força terá gerado, dando lugar à geografia que estudámos do Universo, e pela qual demos o nosso passeio que nos permitiu admirar alguns dos exemplares das maravilhas que nos apresenta aquela força, ver o Universo na sua totalidade, como nos mostra o APM. Um Universo que quando se reduz à escala a que o observámos, e se viaja por ele para chegar ao interior das galáxias, nessa viagem imaginária do macrocosmo ao microcosmo, nos vai mostrando como variam as estruturas segundo as quais se modifica a escala em que o observamos; toda essa variedade se deve, em grande parte, ao facto de a força da gravidade gerar diferentes estruturas segundo o momento na vida do Universo e segundo a distância a que está a actuar. Deve, pois, existir uma ligação entre a geo-

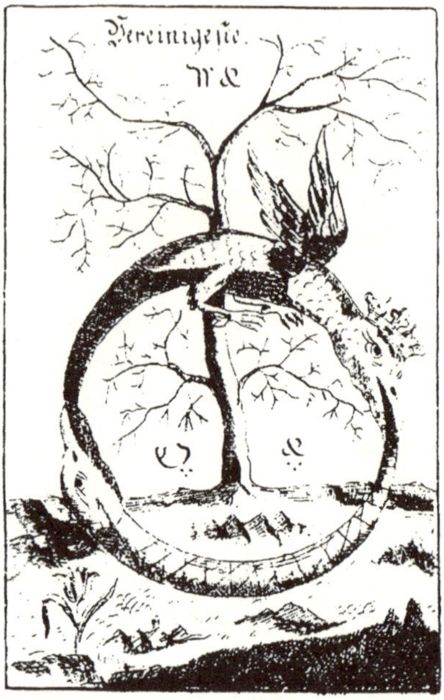

Fig. 34. *O mito de Uroboros, a serpente que morde a cauda, exerceu grande influência em alguns grandes cientistas, como o químico Kekulé, que apelou a ele para descobrir a estrutura do benzeno. Representa um mito hindu que pretende sintetizar a harmonia dos extremos (Yale University).*

grafia e a história do Universo; entre a morfologia que se observa no Universo e a sua génese.

Essa ligação entre extremos e a resolução da tensão axiomática que a acompanha, ficou reflectida há séculos num mito hindu, o mito de Uroboros (fig. 34). Mas Uroboros não é um nome hindu, é um nome grego, o qual reflecte o seu legado à nossa cultura; é o mito da criação que se transmitiu do subcontinente índio à Europa, através do Egipto e de Alexandria, onde se fixou Uroboros, a serpente que morde a cauda e que representa o mito de que no Universo tudo se cria a si mesmo.

Em várias ocasiões, ao longo das páginas anteriores, quando nos referimos à geografia, dissemos que no Universo parece que as estruturas se copiaram, como se a estrutura se repetisse, se como o que vemos no sistema solar fosse uma réplica pouco diferente do que vemos quando chegamos a um átomo. Vimos que o Universo se configurava como algo homogéneo, como se todas as galáxias se agrupassem em algo homogéneo: à medida que vamos entrando nele vamos vendo que há estruturas que se

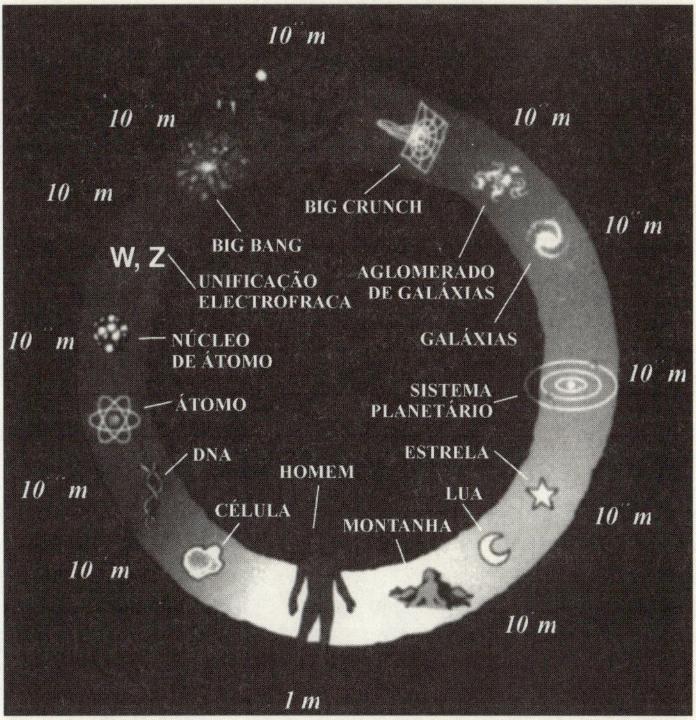

Fig. 35 *Os físicos contemporâneos utilizam a alegoria de Uroboros para expressar a sua convicção, fundada nas experiências que realizam, de que tudo está ligado com tudo. Nesta figura, que é o logótipo do laboratório em que o autor trabalha, estão sobrepostos a escala, em metros, e os ícones que representam diversos tipos de estruturas e fenómenos (Cortesia de LAEFF-INTA).*

repetem. Isto conforma o paradigma em que os físicos se movem nos finais do século XX.

Um paradigma que se começa a estabelecer a partir dos anos 70, se estabelece muito melhor a partir dos anos 80 e, nos anos 90, está em plena efervescência. Um paradigma que nos diz que o que conhecemos do Universo, o que somos capazes de descobrir do Universo, desde o mais pequeno ao maior, nos é acessível através de componentes fundamentais. Fundamentais, não elementares; não são sinónimos estes dois termos. Os componentes são: a matéria, as forças entre essa matéria, as próprias forças e o espaço-tempo e ainda o vazio. É como o que se reconhece nos versos que Omar Khayyam escreveu há séculos e que o cantor Camaron usou como letra para as suas canções.

A tarefa que temos pela frente, no próximo capítulo, é explicar, dentro do possível e com um mínimo de metalinguagem, como é esse paradigma. Teremos ocasião de ver como a dinâmica, isto é, a evolução em que as forças estão sempre presentes, é precisamente a ligação entre a geografia e a história do Universo. A geografia e a história do Universo estão unidas de maneira indissociável através da dinâmica e essa dinâmica evolui na arena do espaço-tempo e do vazio.

Capítulo 5

A dinâmica e a história do Universo

Continuando, vamos falar da história do Universo; até agora descrevemos a geografia do Universo. Veremos como os físicos, nos finais do século XX, descobrem que a dinâmica é o elo que nos permite ligar a geografia e a história do Universo e como é essa descrição dinâmica que no fundo não é muito diferente conceptualmente do que expressam os versos de Omar Khayyam. No final compreenderemos que por detrás desses versos há, talvez, algum conteúdo real.

Hoje em dia sabemos que, pelo menos, o Universo é constituído essencialmente por matéria, forças, espaço-tempo e vazio, que o espaço-tempo e o vazio jogam o papel de uma espécie de arena, no sentido taurino, na qual a matéria e as forças evoluem de maneira muito intrincada entre elas, ao mesmo tempo que o espaço-tempo. Também se sabe que a matéria é constituída por quarks e leptões.

Os quarks encontram-se no núcleo atómico onde, em grupos de três, constituem protões e neutrões e em parelhas de quark e antiquark formam outras partículas exóticas (os mesões) que se encontram no interior do núcleo, excepto no caso dos electrões que, para além do mais, giram em redor do núcleo atómico, formando o átomo. Sabe-se que os quarks existem no que se chama os seis «sabores», dois que se denominam *up* e *down*, outros que se chamam *charm* e *strange* e outros a que se dá o nome de *top* e *bottom*. Os nomes não significam, de modo algum, que o *top* está em cima e o *bottom* em baixo; servem simplesmente para designar coisas, designam propriedades específicas destes quarks. Os leptões que conhecemos (e pensamos que conhecemos todos os que existem) são o electrão e o seu neutrino, o muão e o seu neutrino e o tau e o seu neutrino.

Pelas experiências que realizamos nos aceleradores e pelo que sabemos do Universo a grandes escalas, inferimos que os quarks e os leptões se organizam em famílias. A primeira família é constituída pelos quarks *up* e *down*, mais o electrão e o seu neutrino; a segunda família é constituída pelos quarks *charm* e *strange*, o muão e o seu neutrino; e a terceira família é formada pelos quarks *bottom* e *top* (crê-se que o *top* foi descoberto durante a Primavera de 1994), e os leptões dessa terceira família são o tau e o seu neutrino.

As forças são quatro: a força da gravidade, a força fraca, a força electromagnética e a força forte. Com as teorias que conhecemos é possível que existam mais forças, mas hoje não temos evidência directa da sua existência. Quando muito virá a fazer-se uma experiência ou já se está a fazer neste momento, em algum sítio, que nos demonstre a possível existência de uma quinta, sexta ou sétima força, mas hoje não há evidência da existência das ditas forças. Estes componentes, a matéria e as forças, evoluem no espaço-tempo mediante leis que vamos descrever com algum detalhe. Há que ter em conta uma questão importante: os homens, num grande esforço criativo ao longo dos últimos 300 anos, conseguiram extrair da natureza a forma analítica com que se apresentam estas forças matematicamente. Sabemos que os fenómenos que observamos evoluem mediante equações, mediante leis que nos permitem de algum modo simular, tratar de reproduzir, dar uma descrição platónica do Universo em que vivemos.

Para poder explicar a história do Universo começaremos por descrever uma força que cremos fundamentalmente responsável por manter o Universo na sua coerência, na sua realização: vamos falar da força da gravidade.

A força de gravidade é, das quatro citadas, a mais desconhecida. Conhecemos muitos detalhes da força forte, da força electromagnética, da força fraca, mas da força da gravidade sabe-se muito pouco. Podemos perguntar-nos: se se sabe tão pouco dela, como é possível que se mandem satélites e naves espaciais para fora do sistema solar e se faça isto, para além do mais, com grande êxito? A razão é que a força da gravidade é tão fraca que pequenos erros na sua manipulação e compreensão não têm demasiado efeito prático em escalas do tamanho do sistema solar; erros muito pequenos na orientação dos satélites não influem demasiado, mas a realidade é que o nosso conhecimento da gravidade é muito limitado. As outras três forças podem ligar-se perfeitamente com a mecânica quântica, que descreve o comportamento do Universo a escalas comparáveis ou inferiores ao tamanho de um átomo; não sabemos como ligar a força da gravidade com a mecânica quântica. Isto constitui uma primeira dificuldade. A força de gravidade, quando se trata de combiná-la com a mecânica quântica, conduz a situações com as quais se violam princípios muito importantes da física; conduz, por exemplo, à violação da conservação da probabilidade. Isto significa que a probabilidade de que algo ocorra pode ser maior do que um, ou cem por cento e, perguntar-se-á, como é possível que acontecer uma coisa seja mais provável do que essa mesma coisa existir? É um contrasenso lógico. Enfim, a força da gravidade é um enigma dentro da física. Para confirmar o nosso grau de desconhecimento desta força basta o seguinte exemplo, relacionado com o nosso desconhecimento das suas propriedades: a intensidade com que a força de gravidade liga as massas é proporcional à constante de Newton e ao produto das massas. A intensidade com que a força electromagnética liga as cargas eléctricas é proporcional à carga eléctrica, por exemplo, do electrão ou de um protão. O quadrado da carga eléctrica de um protão (que seria o equivalente da constante de Newton) ou de um electrão conhece-se com uma precisão de uma parte em dez mil milhões. A constante de Newton, que é a que quantifica como cai este livro, a que quantifica como os planetas giram em volta do Sol, a que quantifica quanto vale um quilograma de ouro, conhece-se com uma precisão de uma parte em dez mil, ou seja, conhece-se um milhão de vezes pior do que a força electromagnética. Mas, como concebemos hoje em dia a força da gravidade? A visão *standard* que temos e que os físicos manipulam, é uma visão na qual a força da gravidade é uma consequência da geometria do espaço-tempo. Que quer isto dizer? Suponhamos que vamos numa estrada, dentro de um automóvel e com um copo de água na mão. Se a estrada é plana e rectilínea, a água não se desloca; imaginemos que de repente surge uma curva para a direita; então daremos conta de que a água tende a ir para a esquerda. O génio de Einstein transportou esta situação quotidiana ao pensamento matemático e propôs que a força da gravidade podia conceber-se, de certo modo, como a força que se geraria se o espaço e o tempo não fossem tecnicamente euclideanos, não fossem rectilíneos, não fossem planos. Isto é, se o espaço e o tempo fossem curvilíneos, com o mero decorrer do tempo gerar-se-ia um tipo de força, uma espécie de força centrífuga, como a que atira para fora a água do copo quando entramos numa curva, e essa espécie de força centrífuga (postulava Einstein) seria como a força da gravidade; ele comparava-a e identificava-a com a força da gravidade. Isto que parece muito fácil de dizer e fácil de imaginar, requeria conhecimento das matemáticas, que neste aspecto estavam desenvolvidas e que Einstein conhecia, requeria, para além disso um enorme esforço de imaginação e exigia, ao fim e ao cabo, o engenho de uma pessoa que havia revolucionado a concepção do espaço-tempo sem presença da gravidade, de uma pessoa que havia descrito o efeito fotoeléctrico e de uma pessoa que havia dado já importantes contribuições à ciência, tendo chegado a propor a existência do *spin* antes de propor a força da gravidade como uma consequência da geometria do espaço-tempo. O que acabamos de dizer é muito profundo mas relativamente fácil de visualizar. Imaginemos, por exemplo, um balão cheio, na superfície do qual há uma formiga que se desloca. Essa formiga, quando se move sobre a superfície do globo, experimentará uma certa força centrífuga, já que a superfície do balão é curva e, por isso, a formiga sofrerá efeitos semelhantes aos que nós sentimos quando descrevemos uma curva. (No balão, devido ao tipo de curvatura que tem, a força é para fora e não para dentro como acontece na Terra.) Assim, deduzimos que tudo o que se altere ou evolua, algo que decorra num espaço-tempo curvo e onde o tempo passe dessa maneira, pode gerar algo parecido com uma força centrífuga que atira a formiga para fora ou, no nosso caso, ao irmo-nos modificando com o tempo, ao irmos, por exemplo, ao sistema físico «cara do João» evoluindo no tempo, geraria uma certa força centrífuga devida à evolução num espaço-tempo curvo de massa-energia que compõe a cara do João.

Para descrever essa evolução, as propriedades dessa força, é necessário então estudar (posto que finalmente vamos igualar a presença da força a algo devido à geometria) a geometria do espaço-tempo; e o espaço-tempo converte-se em algo geométrico, em algo para que teremos de utilizar as ferramentas típicas da geometria diferencial se queremos descrevê-lo. Em particular, há que introduzir um objecto matemático que se chama a métrica, um objecto que descreve propriedades relevantes de como é a geometria do espaço-tempo. Por exemplo, para a geometria de um espaço-tempo como o que corresponderia ao globo, a sua métrica teria uma certa forma matemática. Se a geometria não fosse a de um globo, se fosse a geometria de um *donut,* a métrica seria diferente. Se a geometria fosse a geometria que corresponde a uma sela de montar a cavalo, a métrica também seria diferente. Este objecto, esta função matemática (a seguir veremos porque é uma função) descreve como é essa geometria. É uma função porque, por exemplo, a geometria local de uma sela de montar a cavalo depende do ponto da sela em que estivermos; a região da sela que contacta com a perna do cavalo é um ponto diferente do que fica junto à parte final da coluna vertebral; as características específicas da geometria dependem do ponto em que se esteja. Assim, a métrica depende do espaço-tempo no qual se desenrole a física: no nosso Universo, altura, comprimento, largura e tempo (tic, tac, tic, tac) são as suas quatro dimensões, as suas quatro coordenadas. A métrica também contém informação acerca das coordenadas entre si. Einstein teve de combinar, em equações, a geometria com a força da gravidade. A força da gravidade que experimentam as massas, a massa-energia. O que fez foi procurar uma descrição que relacionasse a matéria, a sua massa ou energia, com a métrica; e assim, o génio de Einstein chega a umas equações que conciliam as ideias que descrevemos e que qualitativamente são como descreveremos a seguir. As equações de Einstein dizem: a curvatura do espaço-tempo associa uma força centrífuga à própria evolução dos corpos, como por exemplo qualquer um de nós ou, por exemplo, uma galáxia que evolua e se modifica no espaço-tempo. Sabemos que a força da gravidade que experimentam os corpos é proporcional às suas massa; este é um facto experimental, um facto que se tem comprovado desde o tempo de Newton. Sabe-se que é proporcional à quantidade de matéria em interacção e quando agora dizemos matéria não nos referimos apenas à matéria em si mas também à radiação; não matéria que se toque mas sim radiação como esta luz que ilumina a página; esta luz pesa e em breve veremos a importância que teve o facto de descobrir que a luz pesa, para comprovar a teoria de Einstein e as suas ideias acerca da gravidade. A curvatura do espaço-tempo deve estar relacionada com a quantidade de matéria, disse Einstein. A força centrífuga que se gere pelo facto de evoluir no espaço-tempo tem de ser igual a essa força de gravidade. Depois de fazer várias tentativas, Einstein conseguiu escrever uma equação cujo membro da esquerda descreve a geometria do espaço-tempo, mostrando o lado direito da equação a contribuição da matéria. Para o membro direito da equação contribui a densidade de energia, energia que provém tanto do vazio como da matéria e da radiação. A geometria do espaço-tempo está relacionada com essa espécie de força centrífuga que viria descrita segundo a geometria do espaço-tempo. A força centrífuga seria tanto maior quanto mais fechada for a curva, isto é, quanto maior for a sua curvatura; quando, por exemplo, viajamos num comboio a grande velocidade, numa linha com curvas muito suaves, e apesar de a carruagem se deslocar muito rapidamente, não percebemos qualquer deslocamento na água dentro de um copo.

Quando entramos numa curva muito fechada, como a curvatura é muito grande, a água sai do copo violentamente; logo, o lado esquerdo da equação deve estar relacionado com a curvatura do espaço-tempo e, de facto, é isso que acontece fisicamente. Isto que acabamos de descrever é muito fácil de dizer nos finais do século XX, é trivial, mas na época em que Einstein o fez, suporia uma ousadia genial. Há vários termos no lado esquerdo da equação; termos que descrevem a geometria de uma forma específica e que é a única compatível com a noção de que a matéria não se cria nem se destrói. Um termo descreve o que se chama a curvatura e outro descreve o que se chama o tensor de Ricci, que por sua vez está relacionado com a curvatura; de facto, a curvatura do espaço-tempo, que se chama curvatura escalar, não é mais do que o resultado de multiplicar o inverso da métrica pelo tensor de Ricci, dando-nos a própria curvatura. O tensor de Ricci também se calcula com a métrica. Esta combinação perversa de objectos matemáticos, disse Einstein, deve ser proporcional à quantidade de matéria que haja à direita; a constante de proporcionalidade é a que já mencionámos antes, que só se conhece com uma precisão de uma parte em dez mil: é a constante de Newton que sabemos que é a que nos diz com que intensidade interagem os corpos gravitacionalmente. À direita desta equação há uma contribuição devida à matéria, onde estaria metida a contribuição de todos os quarks, de todos os leptões, assim como toda a contribuição devida, por exemplo, aos fotões da luz, aos gluões que medeiam a interacção forte, aos bozões W e Z que medeiam a interacção fraca e à dos gravitões que medeia a própria gravitação.

Há outra contribuição no lado direito da equação de Einstein que é extremamente importante mas que, a princípio, Einstein esqueceu. Um matemático e astrónomo holandês, De Sitter, descobriu certas propriedades das suas equações que contradiziam o que se havia conhecido até então. Einstein deve ter feito esta reflexão: «Ah, sim? Pois agora vou resolver as contradições com as observações astronómicas, introduzindo um novo objecto nas minhas equações.» Este objecto chama-se a constante cosmológica e é um dos grandes enigmas que se têm posto à física moderna, porque é o objecto físico para o qual a discrepância entre teoria e experimentação é maior. Para os que conhecem números, diremos que a discrepância entre o que se observa que há-de ser o valor da constante cosmológica e o que predizem as teorias é de 120 ordens de grandeza; isto quer dizer que a discrepância entre a experimentação e a teoria se pode representar pelo algarismo um, seguido de 120 zeros; é absolutamente inconcebível esta falha na teoria. É tão inconcebível que deveria estar no *Livro Guinness dos Recordes* como a maior discrepância entre teoria e experiência em toda a história da ciência. Este objecto que Einstein teve de introduzir, a constante cosmológica, descreve (do mesmo modo que existe um termo que descreve a quantidade de energia devida à matéria e à radiação) a quantidade de energia que potencialmente há no vazio. Resulta que essa quantidade de energia que há no vazio, que no momento actual da história do Universo sabemos é pequeníssima, em determinado momento da história primitiva do Universo foi extraordinariamente grande; foi tão grande a fracção de energia do Universo contida no vazio que havia então, que o Universo se viu impelido a expandir-se a velocidades tremendas, devido à enorme proporção da sua energia encerrada no vazio. Essa etapa na história do Universo na qual o vazio fazia com que se expandisse, recebe o nome de inflação.

As equações que acabamos de descrever são as de Einstein. O lado esquerdo delas fala-nos da geometria do espaço-tempo no qual os objectos evoluem e o lado refere-se à quantidade de matéria que há; estas equações descrevem a força de gravidade e podem-se aplicar a situações muito diversas, dependendo da descrição do sistema físico que coloquemos à direita da equação. Por exemplo, se pomos a distribuição de matéria que corresponde a uma estrela, a um objecto compacto, estas equações devem dar-nos a geometria que corresponde a uma estrela e descrevem-nos como ela evolui. Se colocarmos a matéria que, por exemplo, se distribui de uma certa maneira pelo Universo, como mostrámos quando descrevemos a cartografia do Universo que se inferia do APM, aquele emaranhado de galáxias, se pomos à direita das equações as condições de homogeneidade que caracterizam o Universo a grandes escalas, a geometria que resulta é diferente da que descreve uma estrela.

Se imaginarmos um espaço-tempo que em vez de ter quatro dimensões, como sabemos que tem (altura, largura, comprimento e mais o tempo – tic, tac, tic, tac), só tivesse duas dimensões, e colocássemos a estrela num ponto deste espaço-tempo imaginário em duas dimensões, ver-se-ia algo como o sistema solar com os seus planetas. Obter-se-ia uma situação na qual o espaço-tempo seria como a película de uma pastilha elástica, inicialmente plana, mas depois com a estrela (o Sol) no meio, a deformar o espaço-tempo, muito mais do que o fazem os planetas. Esta deformação do espaço-tempo devida a uma massa (a estrela), tem consequências visíveis. Sabemos que a luz se desloca em curvas nas quais percorre a distância entre dois pontos num tempo mínimo; então, neste espaço-tempo curvo tem de se deslocar em linhas curvas, já que a distância mais curta sobre um espaço-tempo curvo não é uma recta (se se deslocasse num local que estivesse pouco deformado, mover-se-ia em linha quase recta). Mas quando a luz passa perto de uma massa que deforma o espaço-tempo, então mover-se-ia em uma curva e isso é algo que deveria observar-se.

Esta é uma consequência da teoria de Einstein. Uma previsão muito específica, com umas características muito específicas. Assim, quando a luz passa perto de uma estrela tem de desviar-se; e essa previsão despertou a curiosidade de um astrónomo inglês contemporâneo de Einstein: Sir Arthur Eddington. Ele inteirou-se dessa previsão da teoria de Einstein e deu-se conta de que era comprovável por ocasião de um eclipse total do Sol; movido pelo seu interesse conseguiu dinheiro e organizou uma expedição para comprovar a previsão. A teoria geral da relatividade de Einstein foi proposta entre os anos 1914 e 1915 e o eclipse teve lugar em Maio de 1919. Eddington montou duas expedições. Uma na costa oriental da América do Sul (Sobral-Brasil) e outra junto à costa ocidental de África (na ilha do Príncipe), dois lugares que ficavam dentro da faixa de totalidade do eclipse. Realizou duas expedições para assegurar os resultados (na melhor das tradições dos cientistas), pois é bem sabido que nos eclipses se produzem fenómenos meteorológicos importantes. No golfo da Guiné houve um temporal e os resultados não foram muito bons. Mas a expedição ao Brasil correu muito bem e as medidas que Eddington conseguiu obter do resultado das suas expedições comprovavam exactamente o que previa a teoria de Einstein. Eddington, que era um homem que tinha um grande dom de palavra, a capacidade de sintetizar coisas e uma imaginação extraordinária, e que, para além disso, estava muito interessado em contar coisas ao público em geral, tinha, por todas estas razões, grandes amigos entre os jornalistas; em particular, conhecia muito bem o editor do *Times of London* (o *Times* era então o jornal diário mais importante de Inglaterra) e contou-lhe os resultados esperados. Uma vez comprovados, a notícia apareceu em caixa alta com títulos enormes. E foi isso que tirou Einstein do anonimato e o converteu numa figura extraordinariamente popular e poderosa, bem como influente a muitos níveis. Ele foi elevado à categoria de génio nesse mesmo momento e desde então começou a considerar-se Einstein como um dos grandes cientistas da história da humanidade. Não era em vão que Einstein já tinha um montão de descobertas no seu currículo. No entanto, muitos desses descobrimentos não haviam sido reconhecidos pela sociedade e muito menos pela comissão Nobel que não lhe deu este prémio pelo que aqui expomos, nem pela sua teoria especial da relatividade, mas sim pela descoberta do efeito fotoeléctrico, algo muito importante a partir de então, mas não tanto como o que acabámos de descrever.

Tudo isto nos leva a algo transcendente: a noção de que a massa modifica a geometria do espaço-tempo de maneira tal que os objectos que se movem na presença de uma determinada massa seguem umas trajectórias ou outras, evoluem de uma maneira ou de outra, em função da geometria. E isto fortifica e sustenta a nossa visão de que se deve à curvatura do espaço-tempo o facto de nós observarmos determinados movimentos de objectos «mergulhados» em campos gravíticos. Com a tecnologia actual, no espaço podemos comprovar o desvio da luz devido à curvatura do espaço-tempo pela existência de lentes gravitacionais, como a que vemos na Figura 36 e que foi fotografada com o telescópio espacial.

Agora podemos perguntar-nos: que acontece quando aplicamos ao Universo esta mesma concepção, esta mesma noção de que a massa-energia modifica a geometria do espaço-tempo?

É verdade que ocorrem coisas muito interessantes, mas antes de irmos ao Universo e com o fim de compreender algumas propriedades do que resulta de tal concepção, vamos ver outra previsão da teoria de Einstein, uma coisa em que os físicos acreditam e afirmam – quase a pés juntos – já que a teoria de Einstein teve muito êxito em quase todas as aplicações referidas à natureza. Suponhamos que neste espaço-tempo que nós imaginámos anteriormente em duas dimensões, e que idealizámos como se fosse uma película de pastilha elástica ou de cola, em vez de ter uma estrela normal nessa região tínhamos uma estrela de grande massa. Então a deformação do espaço-tempo seria muito maior (se se concentrasse toda a massa numa pequena região) e formar-se-ia uma espécie de tubo, para baixo, uma espécie de poço no espaço-tempo. Imaginemos que colocávamos a película de pastilha elástica sobre qualquer coisa que pudesse rodar, mas apenas apoiada pelos bordos; se largássemos uma bola de aço sobre a película em rotação, formar-se-ia uma espécie de tubo para baixo. Se esse tubo chegasse o mais abaixo possível, até ao infinito, isso seria um buraco negro. Buraco porque tudo o que passa perto dele é absorvido; e negro por-

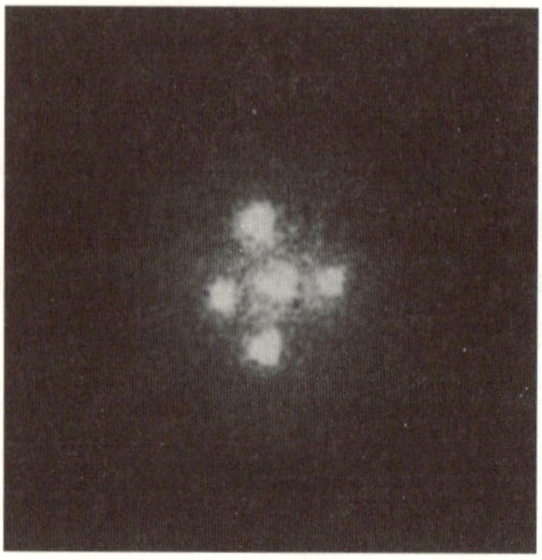

Fig. 36. *Lente gravitacional fotografada pelo telescópio espacial Hubble. A teoria geral da relatividade de Einstein previu que quando se interpõe um corpo de massa muito elevada entre uma fonte de luz (neste caso uma galáxia) e a Terra, o campo gravítico criado pelo objecto de grande massa modifica a trajectória dos raios de luz na sua viagem em direcção à Terra. Este efeito manifesta-se como uma imagem distorcida da fonte de luz e, por analogia com o caso familiar de uma lente óptica, conhece-se com o nome de lente gravitacional. A teoria de Einstein previu de forma muito precisa qual há-de ser o efeito para umas circunstâncias específicas. O acordo entre a previsão e as medições efectuadas, como o caso que se representa nesta fotografia, é excelente, considerando-se este tipo de fenómenos como uma prova importante da validade da teoria de Einstein. (Cortesia de HST-NASA).*

que a condição que o define no caso da força gravitacional e o espaço-tempo é que a velocidade de escape necessária para fugir da força de gravidade desse buraco terá de ser igual ou superior à velocidade da luz. Recordemos que para lançar um foguete e colocar algo em órbita à volta da Terra há que alcançar uma velocidade igual ou superior a 11,2 km/s: era o que chamávamos a velocidade de escape. Mas a velocidade de escape num buraco negro deve ser a velocidade da luz; é essa a velocidade que deveria ter um foguete para poder escapar da atracção gravítica do buraco negro. Como não é possível uma velocidade superior à da luz, até ela fica presa, não pode escapar e, daí, o nome de buraco negro. Até á data nada nem ninguém viu sinais de um buraco negro que não sejam questionáveis. Acredita-se, por exemplo, que numa determinada região do Cisne (uma constelação que se pode ver muito bem durante o Verão), na qual há uma fonte de raios X chamada Cisne X-1, existe um buraco negro. Infelizmente, podem dar-se explicações alternativas que não se referem necessariamente ao buraco negro. Também se pensa que no centro de uma galáxia há um buraco negro que absorveu aproximadamente mil milhões de estrelas como o Sol, ou seja uma massa equivalente à de mil milhões de sóis. É algo possível, mas podem inventar-se outras explicações do fenómeno. No entanto, a crença de que se trata de buracos negros é muito forte e está baseada precisamente nos êxitos da teoria geral da relatividade aplicada a sistemas como o solar. Em filmes como *Star Treck* vemos continuamente buracos negros e em algumas ocasiões mostram-nos concepções artísticas como as da fig. 37.

Algo que, inspirado num cenário plausível, segundo a astrofísica de buracos negros, o artista inventou e pintou assim; na zona central estaria, por exemplo, o buraco negro; para além do que está representado na ilustração supõe-se que há uma estrela, companheira da que se converteu em buraco negro; a força de gravidade deste atrai poderosamente a companheira, despojando-a do material que constitui as suas camadas exteriores. O material da superfície da estrela não representada na figura aproxima-se do buraco negro, descrevendo uma trajectória espiral e acelerando-se à medida que se aproxima do buraco negro; quando alcança um alto grau de aceleração descreve curvas muito fechadas que provocam a sua desintegração e a emissão posterior de raios X. Pode emitir muitos outros tipos de radiação (radiação gama, etc.). Esta é a concepção que muitos têm de um buraco negro, um tipo de situação na qual uma estrela tinha massa sufi-

Fig. 37. *Concepção artística de um buraco negro. Os buracos negros, ainda que não tenha sido provada claramente a sua existência, são tão extraordinários nas suas propriedades que os físicos imaginam todos os tipos de cenários para a sua existência. Nesta ilustração, o artista imaginou um buraco negro que absorve a matéria de uma estrela próxima (não visível na ilustração), que, ao cair, emite luz e raios X.*

ciente para que em determinado momento da sua evolução tivesse sofrido uma explosão e toda a matéria dessa estrela tivesse recolapsado, formando uma zona em que a gravidade é extremamente intensa num raio muito pequeno, de apenas dezenas de quilómetros. Não se veria o buraco negro propriamente dito mas sim a emissão de raios X.

Que acontece quando aplicamos a teoria de Einstein ao Universo *no todo*, o Universo que vemos no APM? Quando se aplica esta teoria ao Universo, exigimos que se cumpram as hipóteses de homogeneidade (ou seja, que as suas propriedades não dependam da distância) e isotropia, isto é, que não importa em que direcção se olhe, porque sempre se verá o mesmo. Quando se aplica esta noção à teoria de Einstein, às equações descritas anteriormente, descobre-se que se podem produzir ou gerar diversos tipos de universos. Universos que se caracterizam, quase todos, por terem a propriedade de se expandir; universos que são dinâmicos; universos cujo tamanho varia com o decorrer do tempo. Até finais dos anos 20 pensava-se que o Universo era estático, porque não havia evidência observacional do contrário. Os físicos, como sempre, tentam pôr os pés no solo, representar a realidade e ser objectivos, não modificando as suas equações, a menos que isso seja exigido pela situação.

Havia evidência teórica de que o Universo não era estático desde quase imediatamente depois de Einstein escrever a sua teoria geral da relatividade. Como mencionámos, o astrónomo e matemático holandês De Sitter tomou as equações de Einstein e aplicou-as ao Universo, descobrindo que tinham a propriedade de que o Universo que descreviam não era estático: expandia-se ou contraía-se sobre si mesmo. Na figura 38 vemos os diversos tipos de universos que se obtêm das equações; poderíamos designá-la *Uma galeria de universos*. E é esta galeria de universos que se deduzem das equações de Einstein. A seguir descreveremos rapidamente um par deles, com o fim de explicar como se manipulam e entendem estes diagramas.

A galeria de universos representada na figura mostra-nos no eixo vertical (o dos Y) o factor de escala do Universo. No eixo horizontal (o dos X) representa-se o tempo tal como se mediria nesse universo. As curvas representam a evolução de cada tipo de universo, com o decorrer do tempo. Traduzido numa linguagem mais acessível, isto quer dizer como variaria o factor de escala quando o tempo decorre, quando o Universo se vai fazendo cada vez mais velho. O tempo cresce da esquerda para a direita; o factor

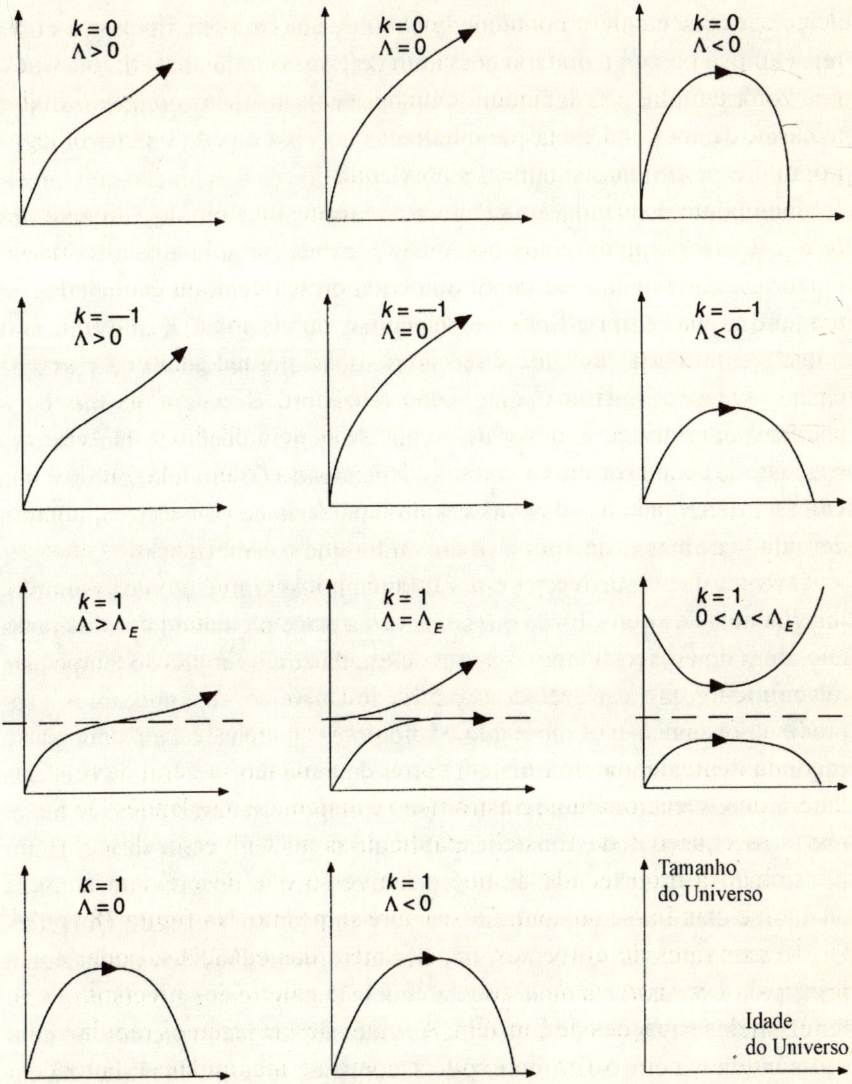

Fig. 38. *Uma galeria de universos. Aqui mostramos os diversos tipos de universos que se podem acomodar segundo a cosmologia moderna. No eixo horizontal representa-se a idade de cada universo e no eixo vertical o tamanho; o tamanho em cada instante é determinado pela curva traçada a cheio. A letra k representa a curvatura, que é nula se o Universo é plano e positiva ou negativa se a sua geometria é como a de uma laranja ou como a de uma sela de montar a cavalo, respectivamente. A letra grega* Λ *(lambda) representa a constante cosmológica, isto é a energia do vazio; o valor* Λ_E *é o valor que Einstein introduziu para ajustar a sua teoria às observações da época, quando não se sabia que o Universo estava em expansão.*

de escala cresce com a coordenada Y. Em cada uma das figuras a curva representa o tamanho do Universo num determinado instante da sua história. Por exemplo, se escolhermos um instante no tempo (eixo dos X) e traçarmos uma linha recta perpendicular ao eixo dos X que parta desse instante, a perpendicular cortará a curva que nos dá a evolução do Universo num ponto determinado; se agora traçarmos uma paralela ao eixo dos X, desde esse ponto da curva, essa linha paralela cortará o eixo dos Y num ponto que corresponde ao factor de escala do Universo nesse instante do tempo do qual partia a linha perpendicular ao eixo dos X que traçámos inicialmente. Como as curvas são teóricas, isto é, calculadas a partir de equações, vemos imediatamente que a teoria prevê correlações muito específicas entre tempo e factor de escala e que a evolução do Universo (a sua história) pode ser muito distinta dependendo do modelo, que por sua vez está determinado pelos valores de uma série de parâmetros, como a densidade de massa-energia ou a curvatura que o caracterizam.

O factor de escala descreve-nos o tamanho do Universo. Por exemplo, imaginemos de novo o balão que tínhamos a princípio quando estudámos a curvatura do espaço-tempo; o factor de escala como função do tempo está relacionado com a variação do tamanho do Universo; se começamos a soprar e colocamos nesse momento o relógio em marcha, o balão começa a expandir-se, a aumentar de raio, a variar de tamanho, e o factor de escala descreve-nos como vai aumentando (se sopramos) ou diminuindo de tamanho (se deixamos que o ar se escape) o raio do balão. Como varia o factor de escala? A evolução resultante depende da energia do vazio, se há muita ou não, se esta é positiva ou negativa. Depende da curvatura do Universo. Qual é a curvatura do Universo? Isto é relativamente fácil de visualizar, em princípio, recordando simplesmente aquele exemplo da película de pastilha elástica. Imaginemos agora o Universo como um lenço gigante. Se houvesse muita matéria no Universo, no lenço, ele curvar-se-ia muito; há excepções a esta regra porque existe uma série de parâmetros que podemos variar e que afectam a curvatura; mas a regra, em geral, é bastante certa. É importante seguir essa regra já que sabemos que se olhamos a luz de uma lâmpada que nos chega de muito longe e vemos a cor dessa luz e acendemos outra lâmpada idêntica noutro sítio, descobrimos que a cor da luz não se altera muito pois passa longe das estrelas ou de corpos celestes de grande massa. Isto pode interpretar-se dizendo que o Universo é extremamente plano, isto é, que há pouca curvatura no Universo entre nós e a lâmpada; é como se estivéssemos num lenço extraordinariamente plano. E, no entanto, apesar de ser tão plano, o Universo está em expansão e sabemos que há uma certa quantidade de matéria (a que vemos); mas para que seja tão plano como o observamos necessitaríamos de encontrar muito mais matéria, muito mais massa, do que a que vemos. (Estamos a dizer «matéria», mas dentro em pouco deixaremos de utilizar a palavra matéria, porque matéria implica organização, e aqui estamos falando possivelmente de massa desorganizada, massa-energia sem organização.) Isto implica que deve existir uma quantidade enorme de massa-energia que não conhecemos, se o Universo se rege pelas leis que regem o planeta Terra e as suas proximidades.

Falta-nos descobrir mais de 90 por cento da matéria necessária para entender por que o Universo é tão plano; e isto é tão importante que nos leva, em finais do século XX, a procurar a mal designada matéria obscura do Universo, porque deveria chamar-se a massa-energia obscura, ou não visível, do Universo. Dependendo, pois, da quantidade de massa-energia que houver no Universo e dependendo da massa-energia que, potencialmente, houver no vazio, a evolução do Universo será muito diferente. Está claro que, de um ponto de vista teórico, pode haver universos como alguns dos que se mostram na fig. 38, naqueles em que a constante cosmológica, a energia do vazio, seja zero, que têm curvatura negativa. Estes universos têm uma característica muito importante e determinante na sua história futura: num dado instante da sua história, ao qual se chega assintoticamente, um destes universos tem um tamanho zero, o factor de escala é zero. Durante essa época esse universo era muito pequeno, tão pequeno que pensamos que nele estava contido tudo o que se converteu no que agora observaríamos, se se tratasse do nosso Universo. Também estaria contido, por exemplo, o leitor, tudo o que o compõe; assim como o que compõe as pilhas do seu relógio, ou os protões que compõem o lítio que há no interior dessas pilhas. Estaria contido tudo, ainda que de uma forma extraordinariamente desorganizada. Se está contido tudo o que há no Universo num tamanho muito pequeno, podemos comparar isso com o que sucede quando pegamos numa bomba de bicicleta e empurramos a haste para encher um pneu: a bomba aquece quando comprimimos o ar; se tudo estava muito comprimido no Universo primitivo, o Universo nessa época estava muito quente e era muito pequeno. Essa época do Universo a que se chega assintoticamente é o que se chama o Big Bang: qualquer universo dos que estão representados na figura, que na origem do tempo tivesse um factor de escala nulo, era um universo que passaria por um período da sua história que recebe o nome de Big Bang.

Na fig. 38 há universos cujo factor de escala cresce e, portanto, o Universo está em expansão, com o decorrer do tempo. Há outros tipos de universo, como aqueles em que a quantidade de matéria e o sinal da constante cosmológica são tais que passa por um período de Big Bang, começa a expandir-se, a quantidade de matéria é suficientemente alta e em determinado momento a força de gravidade entre a matéria domina sobre a força da própria explosão fazendo com que o Universo comece a contrair-se sobre si mesmo, dando lugar ao *big crunch,* o «grande esmagamento». Há outros universos que começam com um Big Bang, expandem-se e têm exactamente a quantidade matéria para que, em determinado momento, a expansão se detenha e mantenha o seu tamanho. É possível que o tipo de universo em que nós vivemos não seja assim. Sabemos que o nosso Universo é consistente com a hipótese de que está em expansão. Há hipóteses alternativas que descreveremos mais adiante, mas a grande maioria dos profissionais da cosmologia aceita que o Universo deve ter passado por um período de Big Bang. Mais adiante analisaremos os seus argumentos. O que acontece é que estamos num Universo que sabemos estar em expansão e portanto deverá ser um dos da «galeria» (fig. 38) com esta propriedade, um Universo consistente com esta base empírico-observacional. Num universo deste tipo, um universo que estivesse em expansão, ocorreria uma série de fenómenos característicos; todas as galáxias que o compõem se afastariam umas das outras; se esse universo fosse homogéneo e isotrópico as galáxias afastar--se-iam segundo a lei de *Hubble* que nos diz que a velocidade de afastamento é proporcional à distância que as separa. As galáxias afastar-se-iam umas das outras e deveriam satisfazer esta lei. O que acontece com o som da buzina de um automóvel, de que percebemos um som mais agudo ou mais grave segundo o automóvel se aproxime ou se afaste de nós, é semelhante ao que sucede com a luz que nos chega vinda de uma galáxia longínqua. Se a galáxia se afasta de nós, a luz que ela emite e que recebemos na Terra chega-nos um pouco mais avermelhada; se a galáxia se aproxima de nós, vêmo-la azulada. A luz que nos chega de praticamente todas as galáxias que conhecemos está ligeiramente deslocada para o vermelho; o grau desse deslocamento da luz para o vermelho é, essencialmente, proporcional à distância a que a galáxia se encontra. Podemos entender facilmente o deslocamento para o azul que mostram algumas (poucas) galáxias, se tivermos em conta a topografia da zona do Universo em que as mesmas estão situadas. O deslocamento da luz das galáxias para o vermelho e a sua proporcionalidade com a distância entre elas é um facto observacional e coincide com uma previsão da teoria de Einstein que afirmava que o Universo estava em expansão. Há outras maneiras de entender um fenómeno como este e uma delas era explicada pelo príncipe De Broglie: supondo que o Universo era estático, se os fotões que constituem a luz tivessem massa, viajariam pelo Universo e iriam envelhecendo, porque um objecto com massa tende a envelhecer. Pode demonstrar-se matematicamente que o envelhecimento desses fotões poderia dar lugar a uma falsificação ou a uma representação da luz destas galáxias que seria equivalente ao deslocamento para o vermelho. Esta suposição designa-se hipótese da luz cansada (*tired light*) e foi inventada por De Broglie como advogado do Diabo em relação às teorias de Einstein. No entanto, esta hipótese não é consistente com muitas coisas, sobretudo com o facto experimental de que nós vemos a luz que nos chega de galáxias extraordinariamente afastadas, assim como o grande número de fenómenos electromagnéticos em grandes escalas do Universo, que detectamos com radiotelescópios como o de Robledo de Chavela que a NASA tem perto de Madrid. As medidas que se fazem aí e noutros laboratórios são incompatíveis com a hipótese da luz cansada, porque, se fosse assim, não poderiam captar a interacção electromagnética com as propriedades que se detectam nestes instrumentos. Do ponto de vista da cosmologia, a hipótese da luz cansada é compatível com o que se observa. O primeiro que encontrou a proporcionalidade entre a velocidade e distância no âmbito das galáxias foi Hubble; daí que o telescópio espacial tenha recebido o nome de *Hubble Space Telescope*, cuja missão é, de entre outras, determinar a constante de proporcionalidade e eliminar hipóteses incorrectas.

Para além disso, num Universo em expansão, que tenha passado por um Big Bang quando começou a expandir-se, a radiação electromagnética variaria as suas propriedades à medida que a expansão vai tendo lugar. «Arrefeceria» e daria lugar a uma radiação cuja existência é fácil de comprovar experimentalmente. A expansão do Universo daria lugar a que a radiação electromagnética que povoava o Universo, quando este era muito jovem, tivesse a propriedade de distribuir-se por todo o Universo, e o faria, segundo a teoria do Big Bang, em forma do que se denomina uma radiação de corpo negro com uma determinada temperatura. Surpreendentemente, qualquer de nós pode comprovar a sua existência a partir da comodidade do lar. Se ligarmos o televisor e desligarmos a entrada da antena, ou seja, se o desintonizarmos, verificaremos que no ecrã aparecem muitos pontos brancos. Entre cinco a dez por cento dos pontos brancos que vemos quando realizamos esta experiência devem-se à radiação de microndas que povoam o Universo; uma radiação de microndas que se representa na parte central da fig. 4. De cinco a dez por cento desses pontos brancos são fotões que estão a chegar à Terra da época em que o Universo se fez transparente, quando tinha uns 300 mil anos; é o que se chama radiação de fundo de microndas. Isto é, trata-se de microndas que nos chegam de quando o Universo tinha uns 300 mil anos (não de há 300 mil anos), o que quer dizer que esses pontos brancos se geraram 300 mil anos depois do Big Bang. Esta radiação de corpo negro foi prevista pela teoria do Big Bang (nenhuma teoria previu isto tão claramente) e este é um dos pontos fortes da teoria do Big Bang. Há uns anos, George Smoot, da Universidade de Berkeley (Califórnia), conseguiu convencer a NASA, depois de muitíssimos esforços, a financiar a construção de um satélite no qual seria montado um instrumento que lhe permitiria estudar algumas propriedades desta radiação de fundo. Esse satélite chama-se *COBE.* Mediante os dados obtidos com o *COBE* foi possível comprovar com grande precisão a previsão da teoria do Big Bang sobre a existência e as propriedades da radiação de fundo de microndas, reforçando assim a nossa confiança em que o Universo em que vivemos teve de passar por uma época em que era muito pequeno e estava muito quente.

Se isto foi assim, deve ter existido um momento em que o Universo foi tão pequeno como um protão e um momento antes deve ter sido muito mais pequeno do que o interior de um protão. Deve ter sido extraordinariamente pequeno. De facto, com a física que actualmente manipulamos, podemos, mais ou menos, descrever (sem imprecisões demasiadas, embora com algumas especulações) as características do Universo até que teve um tamanho de dez elevado a menos 33 centímetros (isto é, um zero, uma vírgula, depois 32 zeros e, na posição 33, um um) e, portanto, podemos falar de épocas em que ele era muito pequeno. E com toda a certeza que foi muito mais pequeno que um protão, do qual sabemos que tem aproximadamente dez elevado a menos 13 centímetros (um zero, uma vírgula, 12 zeros e um um na posição 13). Se o Universo foi tão pequeno como um protão, todos os quarks, todos os leptões e toda a radiação que concebivelmente aí estavam metidos deveriam estar numa espécie de grande forno nuclear, um reactor de fusão extraordinariamente poderoso, um reactor tão potente que talvez tenha sido aí que se geraram os elementos mais leves que o homem conhece, como o deutério, o trítio, alguns isótopos de hélio, etc., e em particular o lítio. (O lítio que usamos nos relógios, nas pilhas dos relógios de quartzo, é um fóssil extraordinariamente antigo. Uma boa parte do lítio que levamos nas pilhas foi produzido quando o Universo era muito jovem, quando tinha à volta de um segundo de vida. É um fóssil que utilizamos, por exemplo, nas nossas bonecas!)

Parte do hélio que vemos no Sol também foi produzido naquela época, e a teoria do Big Bang previu coisas acerca disto. Em particular, previu que as abundâncias relativas entre os elementos leves e os que se observam actualmente devem existir em proporções muito concretas. A quantidade de hélio-4 relativa à de hidrogénio que se vê hoje deveria ser uma função da idade do Universo, entre outras coisas. A proporção de lítio relativamente ao hidrogénio há-de verificar uma relação semelhante à anterior, corrigida unicamente pelas diferenças entre hélio e lítio. E o mesmo deveria ocorrer com o hélio-3 e o deutério. De facto, a teoria diz-nos que estas proporções dependem fundamentalmente da densidade de matéria no Universo (a idade do Universo está relacionada com a sua densidade) e a variedade de partículas elementares (número de gerações de quarks e leptões) que existem no Universo. Dado que a teoria sugere que a produção destes elementos teve lugar quando o Universo tinha um segundo, as proporções hão-de ser praticamente as mesmas em qualquer parte do Universo, posto que na época em que ele tinha um segundo de vida, regiões que agora estão muito separadas (por uns oito mil milhões de anos luz) estavam então muito juntas. Isto é muito difícil de prever em qualquer outro modelo; só os modelos do Big Bang combinados com a física nuclear que comprovamos todos os dias nos nossos laboratórios permitem prever com precisão estas proporções e a sua relação com a idade do Universo. Para além disso, para poder entender esta relação é absolutamente necessário que o número de famílias de partículas elementares que existem sejam três. Não quatro, nem dois nem oito, mas sim três.

Em finais de 1989 foi posto a funcionar um acelerador, de que já falámos, o LEP no CERN. Comprovou-se experimentalmente, medindo certas características do muito pequeno e utilizando a física de partículas elementares, que os resultados empíricos só eram consistentes entre si, e com outras centenas de resultados relativos às propriedades das forças forte, electromagnética e fraca, se na natureza, no Universo, existissem só três famílias de partículas elementares. Isto é, a física do muito pequeno implica que não pode haver um número arbitrário de tipos de partículas elementares mas sim um número definido de três famílias.

Posto que o número de famílias (ou gerações) que se admitiram para explicar as abundâncias relativas dos elementos leves no Universo se deduzem da quantidade total do lítio que há em todo o Universo, olhando as estrelas, galáxias e o Universo a uma escala muito grande, estes resultados, combinados com as experiências feitas no LEP, constituem um triunfo espectacular do paradigma que liga o muito pequeno com o muito grande; aquilo que Uroboros representa. Na cabeça de Uroboros estavam os aglomerados de galáxias, na cauda estava o muito pequeno, os núcleos atómicos; é como se tudo estivesse relacionado com tudo, como se os extremos se tocassem.

Neste tipo de universos baseados no Big Bang, a radiação de fundo de microndas que descrevemos tem a propriedade de que não é totalmente isotrópica, isto é, depende muito ligeiramente da direcção em que observamos a radiação. A elipse que se mostra na parte central da fig. 4 é uma representação da esfera celeste. Nesta figura aparecem representadas zonas que se diferenciam umas das outras em ligeiríssimas variações, aproximadamente de uma parte por milhão, detectadas pelo *COBE* na temperatura da radiação. Nas zonas onde a temperatura da radiação de fundo estava mais quente, as partículas moviam-se com maior velocidade, mas também continham mais energia. Consideremos as moléculas de água numa panela colocada ao lume: antes de a água aquecer, pode-se meter um dedo sem queimar, porque as moléculas se estão movendo a uma certa velocidade que lhes imprime uma temperatura média de uns 30 graus Celsius; quando se aquece a água, o que se está a fazer é comunicar energia cinética do lume às moléculas da água; as moléculas movem-se mais rapidamente e, se metemos um dedo, queimamo-nos. O que ocorre, na realidade, é que as moléculas têm muito mais energia cinética e se movem com velocidade muito maior. Nas zonas mais quentes do Universo havia mais concentração de massa-energia e, devido à força da gravidade que actua sobre a massa e a energia, a matéria tenderia a concentrar-se nestas zonas. Esta poderá ter sido a semente a partir da qual cresceram as galáxias, a partir da qual a matéria começou a acumular-se em galáxias, ou em conjuntos de galáxias, ou em grandes estruturas que à medida que o Universo se expande vão dando lugar às galáxias que hoje conhecemos e que vimos quando descrevemos a geografia do Universo.

Mas, como se formou a estrutura no Universo? Vamos descrever os processos com mais detalhe. Imaginemos um Universo que passou por uma época em que era muito pequeno, um Universo que estava em expansão, isto é, o qual varia o seu tamanho e cresce com o decorrer do tempo, pelo que, ao variar o tamanho, arrefece. Se o Universo era muito pequeno (tão pequeno como um núcleo atómico, como se disse anteriormente) não só se poderiam formar os elementos, por reacções de fusão nuclear, mas também, para além disso, as leis que operassem e controlassem esse Universo teriam de ser as leis da mecânica quântica, já que o seu tamanho era muito pequeno. As leis da mecânica quântica dizem que há flutuações ocasionais no vazio; estas flutuações são as que provocam, geram, as irregularidades que vimos na elipse com os resultados do *COBE* na fig. 4. Quando o Universo é muito pequeno, essas irregularidades têm um tamanho muito pequeno; quando o Universo se expande rapidamente, essas irregularidades crescem de tamanho e, uma vez que está em expansão, a matéria tende a condensar-se, analogamente ao que ocorre, por exemplo, com uma nuvem que, quando arrefece, o vapor de água passa da fase gasosa à fase líquida e chove. Procuremos um instrumento que observe uma zona do Universo e meça, nessa região, a sua densidade, a quantidade de matéria e de radiação por unidade de volume. Se o instrumento tivesse precisão suficiente, poderia detectar pequenas variações na densidade média do Universo. Se aumentarmos a sensibilidade até ao equivalente de uma milionésima de grau absoluto, o que antes nos parecia contínuo, algo sem estrutura, agora, ao ter muito mais sensibilidade, é como se o víssemos com uma lupa, como se aumentássemos o nível de detalhe com que observamos, e seríamos capazes de detectar as variações na densidade, que é, ao fim e ao cabo, o que representam as variações nas flutuações do fundo de microndas. As zonas em que estas flutuações eram suficientemente altas e positivas, eram as que estavam mais quentes. Nestas zonas mais quentes a matéria poderia acumular-se e ultrapassar uma densidade mínima. Seria nestas zonas onde a matéria se foi agrupando que se acumularam enormes quantidades de matéria que, mais tarde, geraria as galáxias. Recordemos a imagem do APM que também se evoca na fig. 4; nas zonas mais quentes, onde havia mais energia, a força da gravidade era mais intensa e, com o tempo, terão aparecido as grandes estruturas. Havia outras zonas onde a densidade estava abaixo dos mínimos. Nessas zonas criar-se-iam buracos, correspondendo aos buracos e aos vazios, as zonas obscuras que se observam no APM. Aqui estão as flutuações abaixo da densidade média. Nas zonas onde as flutuações detectadas pelo *COBE* foram mais pronunciadas, veríamos no APM uma acumulação de matéria que se corresponderia com o que vemos no diagrama do *COBE,* que corresponde à época em que o Universo tinha uns 300 mil anos depois do Big Bang. Essas zonas mais quentes terão originado as galáxias, ter-se-ão convertido nas galáxias, no interior de uma das quais nós vivemos actualmente.

Concluímos, portanto, que para se entender como é a geografia e para entender a história do Universo, é fundamental conhecer a sua densidade. Por isso, nas próximas páginas vamos falar um pouco do «peso» do Universo.

Capítulo 6

O «peso» do Universo e breve recapitulação

É importante «pesar» o Universo, porque dependendo da sua massa, do seu «peso», o efeito na formação da estrutura do Universo que tiveram as flutuações que o *COBE* mediu, será maior ou menor. Mas também porque a história do Universo depende do seu «peso» na época do Big Bang, quando as flutuações quânticas levaram a que se expandisse com grande violência, de tal modo que em um dez elevado a menos 31, segundo a sua escala, variou por um factor de dez elevado a 60 vezes, durante o período que se chama inflação, e até que teve 300 mil anos, ocorreram muitos factos importantes (alguns dos quais não se conhecem muito bem), que dependeram, em grande medida, do seu «peso». E é necessário determinar o «peso» porque, segundo os modelos que manipulamos, a sua evolução posterior poderia ou não chegar à morfologia que mostra o APM. Portanto, o que ocorreu depende da quantidade de matéria que haja no Universo. Porque se há muita matéria, estas galáxias tenderiam a expandir-se muito mais lentamente e a estrutura final do Universo seria muito diferente daquela a que se chegaria se houvesse menos matéria. Por conseguinte, determinar a quantidade de matéria do Universo é fundamental para entender como se formou a sua estrutura, que características tem e qual será o futuro do Universo.

Como se pesa o Universo? Dado que pesá-lo é equivalente a determinar a quantidade de massa-energia que nele existe, é necessário avaliar os efeitos que os constituintes do Universo exercem sobre o espaço-tempo. Há que estabelecer os efeitos que a matéria, a radiação, o vazio e o próprio espaço-tempo exercem sobre o próprio espaço-tempo.

Durante muito tempo temos determinado cada vez mais fiavelmente os efeitos devidos ao que se vê, o que podemos chamar massa-energia visível; apesar disso, sabemos que devem existir outras formas de algo que, se não é matéria, se comporta como ela, já que detectamos indirectamente a sua presença sobre o espaço-tempo. Efeitos que não podem dever-se ao que vemos. Deve existir outra componente obscura, não visível, que contribui para a matéria que, de forma efectiva, há-de existir no Universo. Detectamo--la em diversos âmbitos e temos projectos e planos para tentar detectá-la noutros.

Quando consideramos a velocidade a que se movem as estrelas no disco de uma galáxia como as das figs. 7 ou 17, vemos que o fazem a uma velocidade muito superior à que lhes corresponderia se toda a matéria que há na galáxia fosse a que se vê; por isso pensamos que nas galáxias deve existir matéria obscura. Se observamos e estudamos lentes gravitacionais como a da fig. 36, descobrimos que para entender as suas propriedades é também necessário introduzir uma grande quantidade de matéria não visível, de matéria obscura. O mesmo acontece quando estudamos cnjuntos de galáxias como o da fig.6. São as evidências mais robustas que temos de que há-de existir matéria obscura.

Mas, identificá-la não é tão directo e na actualidade procuramo-la na forma de buracos negros superpesados, grandes nuvens de gás no espaço entre galáxias, estrelas pouco brilhantes, planetas gigantes de gás que, como Júpiter (fig.27), não chegaram a ser estrelas, ou como partículas elementares exóticas que são necessárias em alguns modelos teóricos do micro-universo para que possam ser matematicamente consistentes.

O candidato mais promissor a ser a matéria escura que nos falta conhecer pertence a esta última classe; trata-se dos neutrinos. Se os neutrinos tivessem massa, ainda que esta fosse relativamente pequena, resolver-se-ia o enigma da matéria escura e teríamos entendido, de um só golpe, muitos dos problemas que ainda estão por esclarecer, apesar de que isto traria consigo outras perguntas a que haveria de responder. Para detectar se os neutrinos têm massa, há várias experiências actualmente em curso em diversos laboratórios do mundo e, além disso, existem instrumentos que, a bordo de satélites artificiais, nos oferecerão num futuro muito próximo a oportunidade de poder comprovar se os neutrinos são a matéria escura que, realmente, domina a nossa galáxia.

Uma possibilidade não desdenhável é que a matéria escura de que se precisa para se entender o Universo não seja tanta na realidade como parece, mas que esta necessidade seja um reflexo da nossa ignorância na formulação matemática das leis que regem o Universo.

Em qualquer caso, para poder entender de forma logicamente coerente o Universo que observamos, e por cuja geografia e história nos passeámos nos capítulos anteriores, é necessário que identifiquemos essa componente de matéria escura. Seja o que for.

Continuando, e a modo de recapitulação, vamos dar uma revisão rápida aos capítulos anteriores.

Começámos por dizer que o Universo tinha um aspecto tal como se vê no APM, fig. 5, onde havia milhões de galáxias. Se se olha em detalhe para dentro dessas galáxias, verificamos que existe uma grande quantidade de estrutura. Se se volta a olhar atentamente, observa-se que essa estrutura contém, por sua vez, outra estrutura. Neste processo de observação a escalas cada vez mais pequenas descobriremos que há nebulosas dentro da própria galáxia e zonas, como na M42, onde se formam novas estrelas. Nós próprios, os homens e mulheres do final do século XX, somos capazes de descobrir muitíssimos detalhes acerca do Universo. Somos, em particular, capazes de entender muitos aspectos da sua história. Temos um paradigma que nos permite aceder a uma compreensão qualitativa da evolução do Universo desde que teve um dez elevado a menos 33 centímetros de tamanho até ao que tem actualmente: um dez a 28 centímetros. Desenvolvemos muitas ideias acerca da constituição da matéria e as forças que a fazem interagir. Também tentámos entender por que o Universo se expande; compreendemos como se formam os elementos, temos bastantes ideias de como se formam as galáxias e de qual foi a história recente do Universo; também somos capazes de prever o seu futuro se formos capazes de medir a sua massa, e temos um paradigma que, afortunadamente para os estudantes de física ou físicos profissionais, oferece alguns problemas. Mas é um paradigma que nos permite abordar o estudo e a compreensão de muitos daqueles problemas, um paradigma que junta o muito pequeno com o muito grande. O microcosmo com o macrocosmo. Um dos problemas mais notáveis que apresenta é o da matéria escura, a que constitui essa massa-energia que existe no Universo. Não sabemos qual é a origem da massa e para isso procuramos grandes aceleradores, como o *LHC,* que se construirá no CERN. Temos de esclarecer o que ocorreu exactamente no Big Bang, como foi Big Bang, o que ocorreu antes do Big Bang e, como veremos nos capítulos posteriores, também se têm ideias acerca de como abordar estes problemas. Um deles, importantíssimo, entra no âmbito do que se chama a teoria das supercordas: por que há quatro forças e não mais? Por que há só três gerações, três famílias de matéria? Pode o Universo, em que vivemos, ter sido diferente? Se as condições iniciais que se deram no Universo tivessem sido diferentes, seríamos nós como somos agora? Seria o Universo como o percebemos agora? E, finalmente, nessa lista interminável, há uma pergunta-chave cuja resposta ainda não conhecemos: Que é o vazio? Podemos recordar, uma vez mais, a canção de Camarón:

> O mundo é um grão de pó no espaço;
> a ciência dos homens, palavras;
> os povos, os animais e as flores dos sete climas
> são sombras do nada

para pôr ponto final nestas páginas acerca do que sabemos sobre a geografia e a história do Universo. O vazio é o nada. Das flutuações quânticas no vazio parece que emerge tudo.

Capítulo 7

O futuro do Universo como resultado da coerência entre o micro e o macrouniverso

Reflectimos sobre a teoria geral da relatividade e, particularmente, sobre os modelos cosmológicos nela baseados, o que nos conduz a uma noção muito clara de que o futuro do Universo depende essencialmente da quantidade de matéria que exista no mesmo. Se essa quantidade é a suficiente para «fechar» o Universo, isto é, para que ele colapse sobre si mesmo num *big crunch,* o Universo demoraria, pelo menos, uns dez ou 20 mil milhões de anos a desaparecer por completo nesse grande esmagamento. Mas, se o Universo não tiver a quantidade de matéria necessária para que este fenómeno se produzisse, haveria que perguntar, então, qual será o futuro do Universo.

A pergunta não é despropositada e a sua resposta depende do que se passa a distâncias mais pequenas, do que ocorra a distâncias típicas em que há que ter muito em conta a mecânica quântica e seus efeitos. Isto, que à primeira vista é surpreendente, compreende-se muito bem dedicando-lhe um momento de reflexão: se não existe suficiente quantidade de matéria no Universo para que este colapse «repentinamente» sobre si mesmo, o seu futuro projecta-se profundamente no tempo e os processos que de outra maneira não seriam observáveis (por serem pouco frequentes) no decurso «normal» da evolução dentro do Universo, aqui começariam a poder-se fazer notar, a ver-se. A razão é simples: o número de vezes que se observa algo num intervalo de tempo, é proporcional à frequência com que ocorre (igual ao número de vezes por unidade de tempo) e é também proporcional à amplitude do intervalo de tempo durante o qual se observa. Portanto, a baixa frequência de um processo pode ser compensada pela amplitude do intervalo de observação ou do intervalo de tempo decorrido, que é precisamente o que ocorreria se o Universo tivesse pouca densidade de matéria e se expandisse lentamente durante um período de tempo muito extenso, muito maior que dez elevado a dez ou a 11 anos.

Deste modo, a pergunta: «Qual é o futuro do Universo?», converte-se em: «Que processos sabemos hoje que têm uma pequena frequência?», e «Sobreviveriam eles a cataclismos locais, ou são independentes dos fenómenos locais?», A resposta que somos capazes de dar a estas perguntas é que há essencialmente dois tipos de processos que nos interessam: os associados com a própria estabilidade da matéria (ou instabilidade, segundo o que se queira pensar) e a natureza quântica do espaço-tempo. No primeiro caso estamos a pensar nas chamadas teorias de grande unificação que, como dissemos, nos levam a uma situação em que toda a matéria que conhecemos seria instável e acabaria desintegrando-se e convertendo-se numa mistura desordenada de fotões e neutrinos. No segundo caso estamos a pensar na instabilidade da própria estrutura do espaço-tempo, devido à presença de processos quânticos muito pouco frequentes, que ocorrem nas proximidades dos buracos negros. Daqui, chegaremos à conclusão de que seremos capazes de delinear uma série de factos, situados num futuro muito longínquo, que nos conduziriam a uma imagem estranha do Universo, uma imagem em que o acaso jogará um papel importante, e onde se abrem visões do futuro que há menos de 20 anos não seríamos capazes de imaginar.

O marco conceptual em que desenvolveremos as nossas ideias situa-se, como acabámos de indicar implicitamente, dentro do modelo do Big Bang, que é o que encontra mais aceitação entre os cosmólogos, por explicar mais fenómenos, mais razoavelmente e com menos hipóteses que qualquer outro modelo. Conforme vimos, dentro deste modelo só somos capazes de, pelo menos por agora, detectar aproximadamente uns dez por cento da matéria que pensamos que deveria existir no Universo, e o resto (a chamada matéria escura), poderia ser, por exemplo, quer partículas exóticas quer neutrinos com massa. Como sabemos que o Universo não se contraiu sobre si mesmo antes de alcançar a sua idade actual, inferimos que a densidade de matéria não pode ser superior a dez vezes a densidade crítica, que é a necessária para o «fechar». Por outro lado, a estimativa de que a densidade do Universo, baseada na quantidade de matéria luminosa que observamos, assim como na física nuclear que conhecemos, leva-nos a deduzir que a densidade real há-de ser, quando muito, uma vigésima parte da densidade crítica.

Suponhamos então, como assinalámos no princípio deste capítulo, que a densidade de matéria no Universo é inferior à crítica e que, portanto, o Universo é «aberto», ou seja, se expande «para sempre». Neste caso haveria seis processos-chave que ocorreriam e que determinam de forma indiscutível o futuro (global) do Universo: 1) aos dez elevado a 14 anos depois do Big Bang, todas as estrelas deverão ter consumido o seu combustível nuclear; 2) todas as estrelas perderão os seus planetas em uns dez elevado a 17 anos; 3) quando o Universo tiver aproximadamente dez elevado a 18 anos, todas as estrelas duplas terão colapsado e escapado das galáxias (processo que designamos por evaporação galáctica) e as regiões centrais das galáxias terão colapsado em buracos negros superpesados; 4) teriam lugar efeitos previstos pelas teorias da grande unificação, a que fizemos referência anteriormente: em uns dez elevado a 33 ou 34 anos os protões das estrelas ter-se-ão desintegrado; 5) ocorreria algo que os modelos da grande unificação também prevêem e que é uma consequência do anterior: a emissão de positrões, ao desintegrarem-se os protões, geraria um gás de positrões que converteria o Universo – quando ele tiver uns dez elevado a 35 ou 36 anos – numa «sopa de fotões», neutrinos e buracos negros superpesados. E assim permaneceria, em estado muito «tranquilo», até ter uns dez a cem anos, época em que ocorre o último dos acontecimentos referidos: 6) os próprios buracos negros desintegrar-se-iam por emissão de radiação de Hawking.

No Universo fechado, em que a densidade de matéria é igual ou superior à crítica, os processos que têm lugar são semelhantes aos que acabámos de descrever e a possibilidade de acontecerem ou não só depende de que haja ou não tempo para que ocorram na sua expansão e colapso no *big crunch.* Estes processos estão representados na forma de ícones na fig. 4.

A seguir descreveremos em detalhe estes seis tipos de processos.

A morte das estrelas

As estrelas brilham porque no seu interior existe hidrogénio que, devido à pressão produzida pela força da gravidade ou, o que é o mesmo, devido ao seu «peso», colapsa em densidades semelhantes às nucleares; isto faz com que no interior da estrela se produzam reacções nucleares de fusão que convertem o hidrogénio em núcleos de hélio, mais uma quantidade importante de energia que é emitida sob diversas formas, de entres as quais a luz. O percurso que uma estrela segue na sua evolução depende da quantidade de matéria de que ela originalmente se formou; mas este processo dura quase toda a vida da estrela. Quando a maioria do combustível é consumido, a força da gravidade não é suficiente para manter a estrutura compacta da estrela e esta expande-se rapidamente até adquirir um tamanho várias vezes superior ao que tinha durante a maior parte da sua vida, acabando por converter-se numa gigante vermelha.

Durante este período, a estrela «cozinha» os materiais que compõem o seu interior numa mistura de carbono e outros elementos mais pesados, numa série de reacções termonucleares que, geralmente, terminam com a produção do elemento mais pesado que este processo pode produzir: o ferro. Se a estrela é muito massiva, queima o combustível rapidamente. Para uma estrela como o Sol, que tem uma massa de uns dez elevado a 36 gramas, o processo de «queimar» o seu combustível nuclear levará uns dez elevado a dez anos ou seja, uns dez mil milhões de anos (actualmente o Sol tem cerca de cinco mil milhões de anos); no final da sua vida, o tamanho do Sol flutuará rapidamente, produzirá elementos pesados durante um curto período de tempo e finalmente será colapsado pela sua própria massa, convertendo-se numa anã branca (como a estrela companheira de Sírio, na constelação do Cão Maior, fig. 1d) que arrefecerá lentamente. As estrelas mais pequenas que o Sol demorarão mais tempo a experimentar estas reacções nucleares, mas também acabarão por se apagar. Estes processos terão lugar quando o Universo for umas dez mil vezes mais velho do que é actualmente, isto é, quando tiver uns dez elevado a 14 ou 15 anos.

Quando uma estrela tem uma massa superior a, aproximadamente, uma vez e meia a massa solar (1,4 para sermos precisos), a pressão devida ao colapso gravitacional pode dar lugar à explosão da estrela numa supernova que, finalmente, acaba por se converter numa estrela de neutrões: uma estrela cujo interior é um gás de neutrões colapsados em densidades comparáveis à do núcleo atómico e com um diâmetro de dezenas de quilómetros a partir do raio original de milhões de quilómetros. Em algumas circunstâncias, ou seja, quando a massa da estrela é suficientemente grande (umas três vezes maior que a do Sol), de modo que não se possa formar uma estrela de neutrões estável sem violar o princípio da causalidade, o material colapsa e aparece o buraco negro descrito anteriormente.

Desaparecimento dos planetas

No firmamento nada é estático. Tudo está afectado pela dinâmica gravitacional e neste gigantesco rodopio os planetas que possam constituir os sistemas planetários das estrelas serão afectados pelos encontros entre elas. De facto, no seu movimento pelo espaço-tempo, as estrelas, cujas massas são muito superiores às dos seus planetas, arrastam consigo os seus sistemas planetários; mas, em alguns casos, a proximidade de outra estrela com planetas induz perturbações que acabam por «arrancar» planetas aos sistemas planetários. Estes encontros têm uma frequência que se pode calcular com dados conhecidos, como a densidade de estrelas e o tamanho das órbitas típicas dos planetas, chegando-se à conclusão de que dez elevado a 17 anos depois do Big Bang, todas as estrelas que possam ter tido planetas à sua volta os terão perdido devido a este processo de colisões ou perturbações resultantes do «encontro» próximo das estrelas às quais estão ligados os planetas em questão.

Evaporação galáctica

Quando as estrelas se movem no interior das galáxias a que pertencem e passam perto umas das outras, há transferência de energia entre elas. Se o «encontro» é suficientemente próximo, uma das estrelas pode alcançar uma velocidade suficiente para escapar da atracção gravitacional da galáxia; esta é a versão galáctica a que nos referíamos quando falávamos da energia cinética (velocidade) que se tem de imprimir a um foguete para que escape da Terra, ou da densidade necessária para que nem a luz se possa escapar de uma estrela. Neste processo de transferência de energia de uma estrela para outra, ocorrem dois importantes fenómenos: uma estrela ganha energia, aumenta a sua velocidade e acaba por se escapar da galáxia; mas a outra estrela terá, necessariamente, uma velocidade inferior à que tinha antes do «encontro» e portanto fica mais presa à galáxia. A combinação repetitiva deste processo para muitas estrelas da galáxia, quando umas se escapam e outras colapsam para o centro, faz com que, passado o tempo suficiente, o núcleo da galáxia aumente espectacularmente a sua densidade e acabe por se converter num buraco negro supermassivo, com uma massa equivalente à de milhões de estrelas. É facilmente calculável o tempo que demoraria a ocorrer isto para galáxias típicas com uns dez mil milhões de estrelas típicas. O resultado é de uns dez elevado a 18 anos, o que equivale a dez vezes mais do que demorariam as estrelas a perder todos os seus planetas.

Desintegração do protão

Os efeitos associados à desintegração do protão são especulativos, no sentido de que são efeitos previstos por teorias físicas que, por muito boas razões, pensamos que serão correctas mas que ainda não puderam ser comprovadas experimentalmente. Apesar disso, o paradigma da física de partículas que manipulamos, combinado com a ideia de simplicidade que tão bom resultado deu quando foi aplicada à física, faz-nos pensar que os cenários previstos por estas teorias hão-de aproximar-se bastante da realidade, ainda que, por agora, não entendamos bem os valores numéricos com que trabalhamos.

De acordo com estas teorias, os quarks que existem no interior de um protão deveriam experimentar as seguintes transições: a) transformar-se num antiquark, na sua antimatéria; b) transformar-se-iam em dois leptões, um seria um neutrino e o outro um positrão, a antipartícula do electrão. Estes processos ocorreriam com uma frequência muito baixa, com uma probabilidade de um em cada dez elevado a 32 ou dez elevado a 34 anos, o que implica que numa amostra que contivesse uns dez elevado a 32 protões (equivalentes a umas 160 toneladas de água) se veria desintegrar-se um protão por ano: uma quantidade extraordinariamente pequena mas importante no contexto do Universo. Quais são, no entanto, os efeitos dessa desintegração? A nível cosmológico, ver-se-iam em estrelas que não se converteram ainda em buracos negros ou que não foram ainda capturadas pelos buracos negros galácticos: as estrelas que tivessem escapado da galáxia por «evaporação». Estas estrelas estariam mais quentes do que o meio intergaláctico no qual se moveriam, posto que, dada a grande quantidade de matéria no seu interior (biliões de toneladas!), se desintegrariam num dez elevado a 27 protões por ano, que emitiriam fotões, electrões, positrões e neutrinos de alta energia que em muitos casos aumentariam a temperatura da estrela, da mesma maneira que um pedaço de material radioactivo emite mais calor que o ambiente em que está. Apesar de que a temperatura da estrela seria agora muito baixa, comparada com a que tinha na sua juventude, hoje a sua temperatura seria muitíssimo mais alta do que a do seu próprio ambiente, o Universo, já que este teria continuado a expandir-se e a temperatura do fundo de microndas teria baixado dos actuais 2,75 Kelvin (ou, o que é o mesmo, uns 270 graus Celsius negativos), até um dez elevado a menos 30 Kelvin, muito próximo do zero absoluto, para quando o Universo tivesse um dez elevado a 30 anos, se fosse aberto ou plano.

Variações no gás interestelar

O quinto processo atrás mencionado e que também se deve aos efeitos das teorias da grande unificação, é a variação drástica na composição e morfologia do gás interestelar, como consequência dos efeitos da desintegração do protão combinados com a expansão do Universo associada a um Universo aberto. Quando se desintegra um protão no interior de uma estrela, o positrão emitido encontra de seguida um electrão aniquilando-se mutuamente e dando lugar a um raio gama que aquece a estrela; no espaço intergaláctico, a presença desses positrões não seria neutralizada pelos electrões, dado que nesta época a expansão já foi tão grande que a sua escala já cresceu tanto que a separação típica entre um electrão e um positrão é do tamanho que tem, actualmente, uma galáxia. Apesar destes números, os subprodutos da desintegração do protão nas estrelas que não fizeram parte dos buracos negros colidiriam uns com os outros e, quando o Universo tivesse entre dez a 34 e dez a 36 anos, seria constituído por um gás muito rarefeito de electrões e positrões, de fotões e neutrinos emitidos nas diversas épocas e de buracos negros superpesados que se formaram no núcleo das galáxias. Os fotões e os neutrinos emitidos seriam originários do Big Bang, da época em que as estrelas estavam activas, da desintegração dos protões e neutrões ao longo de toda a história do Universo e da desintegração final de todas as estrelas mortas.

Enquanto o Universo se expande, os fotões e os neutrinos perdem energia e o Universo iria convertendo-se num lugar em que nada ocorre, onde tudo permaneceria inalterado durante um longo período estático, que duraria até ter uma idade de uns dez elevado a cem anos, época em que entraria em jogo outro aspecto novo da física: o resultado da combinação da mecânica quântica e a teoria geral da relatividade de Einstein. Como veremos, isto dá lugar à desintegração dos buracos negros.

A desintegração dos buracos negros

A desintegração ou evaporação dos buracos negros é o último acontecimento que terá lugar na história futura do Universo. Este é um processo que entrou na física contemporânea há relativamente pouco tempo (no princípio dos anos 70) e supõe uma revolução que ainda hoje está em marcha, embora existam ainda muitos pontos por esclarecer. Na realidade, trata-se de um processo em que os aspectos da gravitação e a mecânica quântica dão a mão, de forma surpreendente, às maiores escalas que a física contemporânea é capaz de conceber.

A evaporação dos buracos negros é um processo que contradiz a ideia primitiva de que nada pode escapar do seu interior, nem sequer a luz, já que, como vimos, a sua definição (que depois se vê concretizada como solução das equações de Einstein) diz que a velocidade de escape é superior à velocidade da luz e sabemos experimentalmente que nada no Universo pode viajar a uma velocidade superior à da luz. A superfície do buraco negro, onde a densidade é tão alta que a velocidade de escape é igual à velocidade da luz, recebe o nome de superfície de acontecimentos. De certo modo, ela define o limite do buraco negro. Nesta superfície, a curvatura do espaço-tempo é muito alta e isto faz com que possa ocorrer uma série de processos (quânticos) que de outra maneira não se poderiam conceber.

Para entender um pouco melhor em que consiste esta evaporação, é importante ter clara noção do que é que se encontra no interior de um buraco negro.

O colapso gravitacional que dá lugar à formação de um buraco negro é uma manifestação física do que tecnicamente se chama uma singularidade, algo em que as leis normais da física deixam de ser válidas. No caso de um buraco negro, o que acontece é que toda a matéria que formava o corpo que o gerou, no colapso gravitacional, está contida no seu interior, e (em princípio) não pode comunicar com o exterior do buraco, perdendo, portanto, toda a ligação causal. Nos buracos negros mais simples isto é assim para qualquer objecto que caia no seu interior: nada do que entra num buraco negro pode voltar a sair e, portanto, em princípio, é como se um buraco negro fosse um lugar do Universo em que tudo o que lá cai é absorvido. Matematicamente, vê-se que a única maneira de conciliar estes resultados matemáticos com o senso comum é comprovando que no seu interior existe uma singularidade. Para buracos negros mais complicados, como os que se formariam pelo colapso de uma estrela em que existam algumas irregularidades (que é o caso de todas as que conhecemos), nem tudo o que entra no buraco negro iria parar à singularidade (embora não pudesse escapar). O que encontraria um hipotético observador que caísse no seu interior, mas não exactamente na singularidade, seria que dentro do buraco negro, para além da singularidade, haveria uma quantidade infinita de espaço-tempo (plano), podendo fazer uma vida «normal» lá dentro. De facto, o nosso observador hipotético verificaria que na zona do espaço-tempo em que entrou no buraco negro se havia formado outro buraco negro, no qual poderia, por sua vez, entrar ou não entrar; se entrasse no interior deste segundo buraco negro dentro do primeiro, voltaria a produzir-se o mesmo processo, até ao ponto em que se poderia repetir o processo um número infinito de vezes. O que se pode deduzir da consistência matemática da física dos buracos negros é que um tal objecto não só contém no seu interior uma estrutura muito complexa como também essa estrutura é arbitrariamente ilimitada e, por isso, contém a possibilidade de qualquer realização, sempre e quando esta seja compatível com as condições que deram lugar ao buraco negro. O facto de haver tantas possibilidades pode interpretar-se em termos probabilísticos, pelo que se pode esperar uma relação da relatividade geral (que é de onde surge o buraco negro) com a mecânica quântica (a teoria física com interpretação probabilística por excelência).

Mas, por sua vez, nada pode escapar-se do interior do buraco negro.

Quando se estuda em detalhe o que ocorre nas imediações do exterior do buraco negro, descobre-se que as leis da mecânica quântica exigem que o buraco negro emita parte da sua energia para o exterior e, dado tempo suficiente, desapareça totalmente por evaporação quântica do buraco negro, emitindo o que se conhece como radiação de Hawking, nome do físico que descobriu este processo.

Depois desta introdução, estamos em condições de analisar como as coisas aconteceram. O princípio da incerteza de Heisenberg diz-nos que não podemos conhecer simultaneamente, e com absoluta certeza, a posição e a velocidade, ou o instante temporal e a energia, de um sistema físico submetido às leis da mecânica quântica. Por exemplo, se um protão se move com uma velocidade de um centímetro por segundo, o mais que podemos precisar é a sua posição nuns cinco milésimos de segundo. Na mecânica clássica, para poder ultrapassar uma certa barreira de energia, o sistema físico terá de ser «provido» de uma quantidade de energia pelo menos igual à da barreira energética; mas isto não sucede na mecânica quântica, na qual, devido à validade do princípio da incerteza de Heisenberg, um sistema físico pode ultrapassar uma barreira energética com uma certa probabilidade, mesmo se não alcança o nível energético necessário previsto pela mecânica clássica. É o que se chama o efeito de túnel. O horizonte de acontecimentos de um buraco negro é uma barreira de energia a nível clássico: nem sequer a luz pode ultrapassar o horizonte de acontecimentos! Mas... em mecânica quântica, é possível que uma partícula com energia inferior à barreira a atravesse por efeito de túnel e, assim, o interior do buraco negro pode passar para o exterior por este processo que, em certo sentido, seria equivalente a um processo de evaporação do buraco negro em que a massa-energia contida no seu interior volta ao espaço-tempo acessível a velocidades inferiores ou iguais à da luz, ou seja, ao nosso espaço--tempo. Isto acontece porque durante um intervalo de tempo suficientemente curto, e como estabelece o princípio de incerteza, algo do interior do buraco negro pode utilizar exactamente a energia do buraco negro que necessita para ultrapassar o horizonte de acontecimentos. Como ocorre isto, na realidade? Qual é o mecanismo concreto?

O buraco negro está envolvido pelo vazio. Mas, como vimos, o vazio está ocupado com matéria e antimatéria que se compensam rigorosamente. Isto observa-se nos aceleradores de partículas.

No vazio quântico podem dar-se flutuações correspondentes a quantidades de energia precisamente compatíveis em duração temporal com o que dita o princípio de incerteza; em função da equivalência entre massa e energia (que de forma tão evidente o Sol nos mostra diariamente), uma flutuação na energia pode-se converter em massa e fazer com que apareçam partículas; isto é o que acontece nos aceleradores de partículas. No vazio actual não se pode criar nada, mas podem-se gerar partículas e, simultaneamente, antipartículas, em número e espécies idênticas, que depois se aniquilam exactamente e num tempo permitido pelo princípio de incerteza de Heisenberg. Um par electrão-positrão pode aparecer e desaparecer em dez elevado a menos 21 segundos, que é umas cem vezes o tempo que a luz demora a atravessar um protão: um tempo muito curto. No vazio sem perturbação, isto ocorre continuamente, embora não o possamos observar directamente; mas se aplicarmos um campo eléctrico suficientemente forte, então as partículas vão numa direcção e as antipartículas noutra; a direcção é determinada pelas propriedades do campo. Se o campo fosse suficientemente forte, então as partículas e antipartículas poderiam observar-se e, além disso, separar-se-iam, dando a impressão de se terem criado espontaneamente, embora na realidade o que tenha ocorrido é que injectámos energia no vazio mediante a aplicação do forte campo eléctrico. As partículas são reais, tendo o efeito sido baptizado pelos físicos, antes de se descobrir em 1947, com o nome técnico de polarização do vazio.

Portanto, pode-se polarizar o vazio, e para isso só é necessária a presença de um campo suficientemente forte. Não importa a natureza do campo: pode ser eléctrico, magnético ou... gravítico, já que a energia e a massa são equivalentes, como vimos já, em várias ocasiões. No caso de um buraco negro, o campo gravítico nas suas imediações é tão intenso que não só tudo cai para dentro e nada pode sair como a intensidade do campo gravítico pode chegar a polarizar o vazio, criando pares partícula--antipartícula. O que se vê é que, durante um brevíssimo instante de tempo, a partícula e a sua antipartícula se separam e há portanto quatro possibilidades: a) a partícula e a sua antipartícula voltam a juntar-se e aniquilam-se, b) a partícula escapa do buraco negro e a antipartícula entra de novo nele; c) o contrário de b); e d) a partícula e a antipartícula caem de novo no buraco negro. Hawking calculou a probabilidade de cada um destes processos e descobriu, matematicamente, que o processo b) é o que ocorre mais frequentemente. Isto é, com uma frequência muito baixa, mas não nula, o buraco negro comporta-se como um objecto que emite partículas para o espaço-tempo que o rodeia, o que é semelhante ao buraco negro se evaporar, como se uma parte da sua massa se transferisse de forma lenta, mas inexorável, do seu interior para o espaço-tempo vizinho Ao fim de um tempo suficientemente longo, o buraco negro evaporar--se-ia totalmente. De facto, a velocidade de evaporação é inversamente proporcional à massa do buraco negro e o que começa como um processo muito lento vai acelerando à medida que o tempo decorre e o buraco negro perde massa: o processo, uma vez começado, acelera-se de maneira inevitável. Isto implica que todos os buracos negros se evaporem e que isso ocorra mais cedo ou mais tarde, mas de uma maneira que não é controlada por nada; os buracos negros que demoram mais tempo são aqueles que têm mais massa, que correspondem aos buracos negros superpesados, que são os fósseis das galáxias e a que nos referimos anteriormente.

Para esta classe de buracos negros, o tempo de evaporação é de uns dez elevado a cem anos. Estes buracos negros estabelecem, portanto, o limite superior da existência de objectos complexos no Universo. Da mesma maneira que quando aquecemos uma barra de metal esta emite luz, um buraco negro emite algo parecido, emite uma luz em forma de fotões com um comprimento de onda muito grande, que nos últimos momentos do buraco negro cresce em energia para, finalmente, morrer.

E, em geral

Vê-se, portanto, que depois de dez elevado a cem anos, o Universo estará constituído por um gás muito ténue de neutrinos, electrões e positrões (provenientes da desintegração dos protões) e por fotões de diversas energias, muitos dos quais foram emitidos quando se evaporaram os buracos negros.

Se as observações cosmológicas nos conduzem a um Universo em que há tanta energia que em algum momento do seu futuro deixe de expandir-se, ou se colapsar sobre si mesmo, os cenários que se apresentam para o seu futuro são casos particulares do que descrevemos. Se deixar de se expandir quer dizer que se manterá constante no seu tamanho; neste caso, a situação é similar ao que também descrevemos anteriormente para quando é aberto e se expande.

No caso de o Universo colapsar sobre si mesmo, por a densidade de matéria que contém ser superior à chamada crítica, então, como é lógico, dos processos que descrevemos para o Universo aberto só se produziriam aqueles para que houvesse tempo. E, em geral, o Universo terminaria com uma inversão dos factos que sabemos que ocorreram até hoje, conforme a sua densidade fosse aumentando na sua evolução, até à grande implosão, o *big crunch.*

De qualquer dos modos, é impressionante como o homem, através da sua mente e, com ela, a ciência contemporânea, é capaz de visualizar algo que vai muito para além da sua experiência quotidiana, simplesmente guiado pelo seu sentido físico e pela sua fé nas matemáticas (comprovada em múltiplas experiências realizadas ao longo dos séculos).

O essencial do Universo cabe, pois, na cabeça de um homem.

Capítulo 8

Antes do Big Bang

Durante os capítulos anteriores vimos claramente que a evidência das observações e as experiências apontam na direcção de que o Universo começou com uma grande explosão. Explosão que está associada a uma época em que o Universo era muito pequeno e estava muito quente, que se conhece com o nome de Big Bang.

Pode-se supor que se recuássemos no tempo até uma época próxima do Big Bang, chegaria um momento em que nos encontraríamos com a origem dos tempos, exactamente com o instante em que o Universo começou a sua existência. Nesta situação é também lógico fazer-se outra pergunta: que houve antes do Big Bang? Uma pergunta que os cosmólogos contemporâneos fizeram a si próprios e à qual deram resposta mediante extrapolações lógicas da realidade conhecida, nas condições que, segundo as observações e as experiências, deveriam verificar-se durante a época do Big Bang. A resposta envolve, necessariamente, a mecânica quântica e a relatividade geral; a primeira porque quando o Universo era muito jovem passou por uma época em que o seu tamanho era comparável ao de um átomo e portanto se regia até então pelas leis da mecânica quântica; a segunda porque as propriedades do espaço--tempo, isto é, de uma parte essencial do Universo, se regem, como sabemos, pela relatividade geral. Como ocorreu esta união? Como se extrapolam as condições anteriores ao Big Bang?

Até agora, a única maneira de estudarmos esta etapa da história do Universo é utilizar uma versão muito simplificada do espaço-tempo e da matéria e radiação que evoluem nele. Imaginamos que o espaço tempo é homogéneo e isotrópico e que a matéria e a radiação estão reduzidas à sua expressão mais simples, do ponto de vista matemático. Se procurarmos num dicionário os termos «homogéneo» e «isotrópico», encontramos as seguintes definições: homogéneo provém originalmente do grego e significa «da mesma raça» ou, diz-se de «uma substância ou mistura de várias substâncias quando a sua composição e estrutura são uniformes». Isotrópico, diz-se de um corpo que tem as mesmas propriedades em todas as direcções. São precisamente estes os sentidos que se dão em cosmologia a estes termos e supõem a maior simplificação possível que se pode imaginar, pois espaço-tempo homogéneo significa em cosmologia que é uniforme, que, independentemente do local em que estivermos, tem o mesmo aspecto, as mesmas propriedades; da mesma maneira, isotrópico implica que as propriedades do espaço-tempo são completamente independentes da direcção em que o estudarmos. Do mesmo modo que a homogeneidade implica independência da posição («onde estamos»), e isotropia, independência da direcção, num espaço-tempo que seja homogéneo e isotrópico as suas propriedades só podem depender do tempo, que é o único parâmetro livre. Esta enorme simplificação dá muito bom resultado quando se pretende explicar a história inicial do Universo e, para além disso, permite-nos estabelecer um marco conceptual em que possamos explorar os começos do Universo. Porquê? Porque se as propriedades do Universo só dependem do tempo (em certo sentido equivalente à idade), é possível estabelecer uma analogia muito precisa entre a mecânica quântica, tal como ela é utilizada para descrever o comportamento dos átomos mais simples, e a física que descreve a origem do Universo. Assim, podemos aplicar o enorme arsenal de conhecimentos que temos sobre os átomos à física, do começo do Universo e, como veremos, isto traduz-se num benefício importante, pois permitir-nos-á imaginar o que se terá passado antes do Big Bang.

A chave para esta analogia reside em que, segundo as hipóteses expostas para o espaço-tempo, reduzindo as suas propriedades à sua simples relação com o tempo, o Universo pode caracterizar-se pelo seu tamanho e este, por sua vez, pelo tempo. Matematicamente, verifica-se que o tamanho do Universo desempenha exactamente o mesmo papel que a posição dos átomos na física. Portanto, em princípio, a física do Universo mais primitivo é como a física atómica, e todas as propriedades dos átomos seriam, em princípio, «exportáveis» como propriedades do Universo, incluindo o princípio de incerteza de Heisenberg e todos os apaixonantes temas relacionados com a interpretação da mecânica quântica; mas isto não é assim literalmente, pois tem um sentido muito geral, o que deu lugar a um forte debate sobre a interpretação da mecânica quântica que tem repercussão noutros campos da ciência, incluindo a sociologia e a psicologia.

Resumindo a situação, da mesma maneira que a mecânica quântica, aplicada aos átomos, explica a estabilidade da matéria, ou por que é que os electrões não caem no núcleo dos seus átomos numa pequena fracção de segundo, quando se aplica ao Universo mais jovem essa mecânica quântica, resolve-se o problema da densidade do Universo, que devia ser infinita no instante inicial. Vejamos como. Em mecânica quântica o electrão não pode estar numa órbita arbitrária em volta do núcleo. No Universo primitivo é impossível aproximarmo-nos arbitrariamente do instante inicial, já que isso seria equivalente em física atómica a que os electrões pudessem ter órbitas de raios arbitrários em volta do núcleo atómico. Para que isto seja possível, para que possamos compreender os primeiros instantes do Universo, teremos de modificar alguns dos nossos pontos de vista tradicionais, já que, de contrário, a nossa visão não seria consistente. Em particular, é necessário introduzir a noção de função de onda do Universo e com ela, e para ser consistente com o que sabemos que acontece no âmbito do átomo, chegar-se-á a uma interessante variedade de possibilidades que nos permitirão vislumbrar como terão decorrido os primeiros dez elevados a menos 43 segundos do Universo... e mesmo o que terá ocorrido imediatamente antes do Big Bang.

A existência de uma função de onda para o Universo implica que, num sentido muito geral, o Universo se deve ter comportado naqueles momentos iniciais de modo semelhante a uma partícula atómica; e, como é bem conhecido, no âmbito do átomo, tem lugar a chamada dualidade em virtude da qual os objectos descritos por uma função de onda se comportam ora como uma partícula ora como uma onda. No mundo do átomo isto significa que o comportamento pode ser localizado quando corresponde a uma partícula ou disperso quando corresponde a uma onda. Em termos mais simples: o comportamento de um objecto depende das condições a que se encontra submetido e o mesmo objecto pode, em certas ocasiões, comportar-se como perfeitamente localizado, como uma partícula, ou completamente não localizado, quando corresponde a uma onda cujo início e fim não se podem identificar com precisão. Naturalmente, a dualidade onda-partícula não é senão mais uma manifestação do princípio de incerteza de Heisenberg, que se constata diariamente nos laboratórios de física de todo o mundo (ou nos *lasers* do detector de código de barras dos supermercados). Com o objectivo de desenvolver um pouco mais esta intuição, vamos descrever as diferenças essenciais entre uma onda e uma partícula, de maneira que o leitor adquira uma ferramenta que a sua intuição possa utilizar.

Uma partícula é um objecto localizado, no sentido de que se trata de um objecto a que se pode associar uma localização e uma velocidade, numa certa região do espaço e do tempo; dentro de uma região mais ou menos determinada pela precisão com que possamos situar essas duas variáveis (posição e velocidade), de acordo com o princípio de incerteza de Heisenberg. Uma partícula é uma entidade que, em princípio, é indivisível e por isso se pode contar o seu número com precisão: pode dizer-se, por exemplo, 12 ou 18 partículas de tal tipo e todos saberemos exactamente que falamos de uma dúzia ou de dúzia e meia desses objectos. Com uma onda, a situação é radicalmente diferente: uma onda pode estar simultaneamente em várias localizações espaço-temporais. Isto implica que uma onda não tem de ser observada directamente para ser detectada: todos temos ouvido a buzina de um automóvel que se encontra ao virar da esquina. O som da buzina é a onda e o facto de o som não ter sido produzido à nossa frente não impede a sua detecção.

No âmbito da mecânica quântica estas duas possibilidades, estas duas formas de ver as coisas, dão-se simultaneamente e só se decide que aspecto (se o de onda ou o de partícula) o sistema físico adopta, quando o observamos, quando se detecta a sua presença.

No Universo primitivo, durante a época em que a cosmologia quântica é válida e durante um período de tempo de dez elevado a uns menos 43 segundos, o Universo, isto é, tudo o que o constitui, participa dessa dualidade onda-partícula. Isto significa que, ao ser como uma onda, não se possa localizá-lo no espaço nem no tempo e, portanto, não se possa falar do ponto zero do tempo, da origem do tempo, nem da origem do espaço. Isto elimina automaticamente um sério problema que se colocava ao Big Bang: qual é a origem do espaço e do tempo?, posto que agora, ao não poder localizar durante esse curtíssimo período inicial do Universo, não faz sentido fazer essa pergunta. O leitor pode então perguntar, se não tem sentido, por que é que tanta gente a fez?; a resposta é fácil: a maior parte de nós faz perguntas fundamentadas na experiência quotidiana, mas o comportamento quântico do Universo ou dos átomos não é algo que se contemple na vida quotidiana.

Poderia ainda argumentar-se que se é dual existe uma probabilidade não nula de que se comportasse como uma partícula e, nesse caso, poder-se-ia falar de localização e portanto da origem do Universo e de um instante zero, bem como de uma origem do espaço. A resposta é agora um pouco mais complicada do que quando se descreveu o comportamento «como onda» do Universo, embora seja uma resposta acessível à linguagem corrente: quando se comportasse como uma partícula, tratar-se-ia de uma partícula quântica (recordemos que nesta época o Universo é muito mais pequeno do que um átomo e por isso está sujeito às leis da mecânica quântica) e o princípio de incerteza de Heisenberg implica que não é possível localizá-la e medir a sua velocidade ou conhecer a sua energia e estado temporal simultaneamente. Mas como sabemos que, para que o Universo tenha o aspecto que tem e uma vida de pelo menos uns oito mil milhões de anos, não pode ter uma quantidade infinita de matéria – que é equivalente à energia –, deduz-se que, em virtude do princípio de Heisenberg, também não é possível conhecer a origem exacta do tempo nem do espaço.

Vimos, portanto que quer o Universo se comporte como uma onda quer como uma partícula, não é possível aceder à própria origem do espaço e/ou do tempo. Vimos o que havia antes do Big Bang: nada de especial. Isto resolve um problema sério, mas é lícito perguntar-se, apesar disso, se somos capazes de averiguar nos nossos dias como aconteceu a transição desse estado quântico do Universo para o que conhecemos actualmente; se estudando os dados a que temos acesso é possível averiguar algo acerca das mais arcaicas eras a que o Universo esteve submetido. A resposta a esta pergunta, no entanto, não se conhece com precisão, mas podem oferecer alguns traços gerais que conduzem a situações muito distintas, a partir das observações dos fenómenos. Esses traços gerais dependem dos cenários que é possível colocar, dentro do contexto da física actual, para que ocorresse a transição de antes do Big Bang para depois do Big Bang. Os cenários correspondem às únicas duas possibilidades matemáticas que as equações admitem. Conhece-se um cenário com o nome de «criação a partir do nada», e o outro como «criação sem fronteiras». Estas duas designações representam todas as possibilidades lógicas que as equações permitem e os cenários são completamente distintos. Ainda que não haja evidência empírica nem observacional para distinguir um do outro, o leitor perceberá mais adiante as profundas diferenças que existem entre os dois.

Apesar do que o seu nome sugere, o cenário mais simples de analisar é o da criação a partir do nada e, por isso, é o primeiro que vamos estudar. Neste cenário, e falando de forma muito simples, a materialização do Universo acontece a partir do nada, num intervalo de tempo cuja duração é compatível com o princípio de incerteza de Heisenberg. Vamos descrever cada um destes novos elementos por partes.

Em várias ocasiões mencionámos algumas das propriedades essenciais do vazio, do nada. Uma das mais importantes é que o vazio quântico é tal que, quando é perturbado, dá lugar a matéria e a antimatéria, à geração de «algo» e exactamente a mesma quantidade de «antialgo», para que desta forma se mantenha a propriedade essencial do vazio: que não contém nada material e que, portanto, contém todo o seu potencial. A partir da perspectiva da existência do espaço-tempo, pensar-se-ia que o vazio deve conter tanto o espaço-tempo como o antiespaço-tempo e, assim é; mas, segundo a cosmologia quântica, a natureza do espaço-tempo é tal que coincide com ele próprio. Isto significa que o espaço-tempo e o vazio são manifestações de uma mesma coisa: que o espaço-tempo e o vazio estão muito ligados. O espaço-tempo manifesta-se pelas suas propriedades geométricas e, por exemplo, falamos de espaço-tempo aberto, fechado ou plano, de acordo com a geometria que o descreva. Isto significa que podem existir diversas geometrias dentro do nada e que, em princípio, todas são igualmente prováveis. Mas, se se produzir uma pequena diferença entre elas, por muito pequena que seja, isso faria com que, segundo a cosmologia quântica, a própria evolução da geometria fosse numa direcção ou noutra. Em particular, se existisse uma diferença virtual entre duas geometrias, de modo que uma flutuação (das que sabemos existirem no âmbito quântico) permitisse diferenciá-las e, devido à natureza ondulatória associada ao carácter quântico do Universo, na época que estamos a descrever, uma das duas geometrias seria mais provável. Nessa circunstância, o Universo tenderia, com mais probabilidade, a manifestar-se segundo essa geometria seleccionada pela flutuação e pela própria dinâmica da força da gravidade. Isto é o que acontece na criação a partir do nada. Resumindo, em poucas palavras: a existência de flutuações na própria geometria faz com que se possa distinguir umas geometrias das outras e que, dado o carácter ondulatório do Universo nesta época primitiva (de forma idêntica à que faz com que uma onda contorne a esquina de uma rua), a geometria que, devido à flutuação, se converteu na que sobreviverá melhor, converte-se na mais provável e será, por isso, a que define e determina em grande parte a posterior evolução do Universo.

A partir da criação do nada, e uma vez que o espaço-tempo evoluiu até um estado em que a geometria já se diferenciou, vê-se matematicamente que o Universo que emerge (isto é, espaço-tempo, vazio, radiação e matéria) se pode descrever do mesmo modo que a cosmologia clássica, segundo a qual podemos compreender uma parte da sua evolução desde o Big Bang até hoje.

A criação sem fronteiras é mais abstracta que a criação a partir do nada e, portanto, mais difícil de visualizar com palavras. Apesar disso, a sua formulação matemática é igualmente simples, pois as matemáticas oferecem uma segunda possibilidade lógica de descrever a época da cosmologia quântica na história do Universo. A formulação desta segunda possibilidade reflecte fisicamente um facto matemático que, no entanto, é fácil de ver: «Todos os pontos de uma esfera são equivalentes.» Vamos descrever o que isto significa e como se faz a sua aplicação à hipótese da criação sem fronteiras do Universo.

Imaginemos uma esfera perfeita, uma bola em cujo material não haja nenhuma mancha, mosca ou deformação. Será possível considerar algum ponto da esfera como um ponto especial? A resposta a esta pergunta é não; mas como nem todos podem visualizar isto facilmente, vamos dedicar umas linhas a tentar facilitar essa tarefa. A razão por que muitas pessoas têm dificuldade para entender a situação anterior reside em que, quando imaginamos uma esfera, integramo-la num contexto. Por exemplo, se nos imaginarmos com uma bola, em casa, desde o momento em que a incluímos num contexto (neste caso a habitação) transferimos para a bola alguma propriedade desse contexto, sejam as diferenças entre o tecto e o chão ou entre paredes e tecto, pelo que nos poderá parecer algo difícil aceitar que todos os pontos da esfera são equivalentes, pois se a bola está em casa é claro que distinguiremos entre a «parte de cima da bola» e a «parte de baixo». Esta situação repetir-se-á sempre que imaginemos a bola em qualquer contexto que contenha algum aspecto diferencial: a gravidade na superfície da Terra ou o plano da elíptica, no caso do espaço próximo do sistema solar. Mas se imaginarmos uma bola mergulhada no vazio, onde não exista nem acima nem abaixo, nem nenhuma direcção especial dentro do contexto (que agora é o vazio), então veremos facilmente que todos os pontos da nossa esfera perfeita são equivalentes, por ser perfeita a sua superfície e por todos os pontos da esfera estarem à mesma distância do centro. Este pequeno exercício de imaginação indica-nos que se alguma descrição física de algum fenómeno estiver relacionada com a superfície de uma esfera, o ponto sobre a esfera ao qual se faça referência na descrição do fenómeno é irrelevante, já que todos os pontos da sua superfície são igualmente equivalentes. Na criação sem fronteiras do Universo, o papel do ponto sobre a esfera corresponde ao instante do Big Bang; a esfera em si desempenha o papel do espaço-tempo.

A ideia essencial, de acordo com esta forma de compreender a criação do Universo, é que não é possível designar um início no espaço-tempo na época da cosmologia quântica, um início único e especial, e que, para além disso, seja complementado por uma condição de realidade. Isto é, o início do Universo, o Big Bang, estaria representado por um ponto da esfera mas, por todos os pontos serem equivalentes, isso leva-nos a pensar que o Big Bang não pode ter ocorrido num deles em particular mas sim num qualquer, por todos serem candidatos em igualdade de condições. Para que isto seja certo é necessário que a esfera sobre a qual descrevemos a criação tivesse raio nulo no momento em que se criou o Universo e, ao não existir nenhum ponto quando se criou, vemos que a origem dos tempos, o instante do começo do Big Bang, é inalcançável em si, não tem fronteira, e por isso se diz que este cenário descreve a criação sem fronteiras. Este cenário tão abstracto tem, apesar disso, uma vantagem conceptual muito importante que reside no facto de que todo o conjunto, espaço-tempo, matéria, radiação e vazio se visualiza como parte da superfície da esfera. Devido a esta propriedade, a pergunta que tantas vezes nos colocamos (ou nos têm colocado) de que «se o Universo está em expansão, isto significa que há algo que enche quando se expande e, portanto, existe algo mais que o Universo, que é o que se vai enchendo com a expansão», tem uma resposta, posto que neste cenário é a própria geometria que se cria a si mesma conforme evolui e vai necessitando desse «contentor» imaginário da pergunta.

De um ponto de vista matemático, deduz-se facilmente das equações que o que ocorre é que a função de onda que descreve a formação do Universo se comporta de maneira tal que a probabilidade associada à função de onda evolui (não no tempo mas no equilíbrio que há-de existir entre quantidade de matéria, radiação, espaço-tempo e vazio), desde uma situação em que a máxima probabilidade se alcança quando se passa de uma situação em que o Universo não poderia «nascer», para uma situação em que o Universo pode nascer e nasce, desembocando num Big Bang, que é completamente compatível com o que, segundo a cosmologia inflacionária, deve ter ocorrido um instante depois.

Resumindo, a criação sem fronteiras consiste num cenário segundo o qual o Universo que conhecemos emerge como consequência da impossibilidade lógica de estabelecer uma origem única dos tempos.

Estas duas descrições do antes do Big Bang, do início do Universo, são, evidentemente, consequência de terem conduzido a soluções lógicas das matemáticas que descrevem a época da cosmologia quântica na história do Universo. Isto é assim, e convém não perder de vista a natureza destes cenários. Eles hão-de ser considerados como propostas matematicamente rigorosas para descrever a origem do Universo, mas nada mais. Hão-de ser compreendidos como propostas apresentadas pela mente humana sem poder aceder, por agora, a alguma evidência experimental, guiando-nos unicamente por princípios de simplicidade e buscando soluções matemáticas manejáveis. Estes cenários não são metafísicos, embora a pergunta «o que havia antes do Big Bang?» tivesse, durante muito tempo, podido dar essa ideia; na realidade, trata-se de procurar, através da física, respostas para perguntas a que antes não era possível responder. A história do pensamento humano diz-nos que certas perguntas que fazíamos antes, dentro do contexto da filosofia e da metafísica, fazemo-las hoje no âmbito da física e encontramos respostas coerentes com o método científico. O que acabámos de descrever é mais um passo nessa direcção, nesse avanço do homem pelo caminho do racionalismo científico. As duas respostas descritas não devem ser aceites como «a verdade» mas sim como algo compreensível através da física que conhecemos hoje em dia. Dentro deste espírito é necessário também assinalar que a procura de uma resposta à pergunta «que se passou antes do Big Bang?», não é um simples exercício intelectual, já que a procura de uma resposta nos leva a produzir previsões compatíveis com as observações e, portanto, pode conduzir-nos a eliminar possibilidades que, embora aceitáveis pela mente humana, não ocorreram na história do Universo. A cosmologia quântica que se está a desenvolver nos finais deste século tem um objectivo muito claro: construir teorias acerca das condições iniciais que terão existido no início do Universo e que conduzam a previsões que se possam relacionar com o que observamos actualmente. Qualquer previsão de qualquer fenómeno que façamos hoje depende, ainda que de forma muito ténue e subtil, das condições iniciais que se verificaram no Universo quando ele nasceu. Assim, a falta de homogeneidade que actualmente observamos no Universo, o facto de se apresentar plano, a existência do espaço-tempo e um grande etc., dependem, sob vários aspectos, dessas condições iniciais. O próprio facto de envelhecermos à medida que o tempo decorre – o que designamos por seta do tempo –, e que reflecte a evolução do passado ao futuro, e não o contrário, é também uma consequência dessas condições iniciais. Podemos perguntar a nós próprios, de forma muito legítima, se mesmo as forças que conhecemos, com as características que têm, não são também uma consequência das condições iniciais.

Posto que a época na história do Universo em que se estudam as condições iniciais é aquela em que as consequências da mecânica quântica eram comparáveis em importância às da evolução cosmológica do Universo, isto deu lugar a uma nova parte da cosmologia que recebe o nome de cosmologia quântica. Mas para poder aplicar a mecânica quântica ao Universo há que ajustá-la, já que as versões da mecânica quântica que se aplicam aos átomos ou à descrição do comportamento das partículas elementares não são válidas, nem são adequadas para a cosmologia quântica. Pelo menos por duas razões.

Na mecânica quântica tradicional supõe-se que é possível a divisão do sistema físico entre observador e observado, e também que o mais importante são as medidas da parte observacional que se projectam e interpretam no «domínio clássico» (algo que não se rege pelas leis da mecânica quântica). É evidente que numa teoria que se aplique ao Universo, ao todo, não poderia haver uma divisão fundamental entre o observador e o que é observado: o Universo é o todo e inclui o observador! E mais, o observador e as medidas que faz não podem ser importantes no momento de explicar o Universo inicial, quando não existiam nem o observador nem as medidas. Por este primeiro grupo de razões, a mecânica quântica tradicional e as suas interpretações têm de ser modificadas se queremos explicar o Universo mais primitivo e perguntar a nós próprios que ocorreu antes do Big Bang. Mas há outra razão pela qual há que modificar a mecânica quântica, se queremos aplicá-la a esta época da história do Universo. Na relatividade geral que descreve a gravidade e, com ela, toda a cosmologia, o tempo e o espaço são completamente equivalentes. Na mecânica quântica, tal como ela se utiliza no tratamento e na descrição da física dos átomos e outros objectos subatómicos, o tempo desempenha um papel especial: é um parâmetro que descreve a evolução do sistema; existe uma diferença essencial em mecânica quântica entre o espaço e o tempo, uma diferença que é necessário eliminar se se quer estender a mecânica quântica à cosmologia.

Na mecânica quântica tradicional o tempo não pode flutuar. Em cosmologia quântica é essencial que o espaço-tempo flutue, do que resulta que noções como «antes», «agora» e «depois» se percam, em mecânica quântica; e, com elas, a noção de causalidade (ou seja, «dado um efeito, este deve ter tido uma causa que o precedeu, de forma determinada, concreta») perde entidade, pelo que não se pode aplicar à mecânica quântica tradicional. Isto é conhecido como o problema do tempo e levou a mecânica quântica a um estado de crise quando se tentou aplicá-la ao Universo mais primitivo, conduzindo à introdução de novas ideias e conceitos que permitem incorporar o observador no sistema observado (como na interpretação dos «mundos múltiplos» de Everett) e a modificar a noção de tempo, distinguindo entre o que é o tempo e o que é a evolução.

Nestas novas interpretações da mecânica quântica, necessárias para compreender o Universo primitivo, há um subproduto inesperado, pois não só se produziram as generalizações necessárias e comprováveis em experiências de laboratório, como se chegou a formulações que permitem oferecer-nos teorias de como funciona a consciência humana. E é que em determinados aspectos, pensam alguns físicos e biólogos, a consciência comporta-se de forma análoga ao suposto comportamento do Universo nas suas pré-origens e nos seus primeiros instantes.

Existe alguma diferença observável, hoje em dia, acerca de como decorreu a própria origem do Universo? Actualmente, não; mas há pelo menos um tipo de fenómenos que algum dia poderá permitir que os seres humanos concluam se o Universo se criou a partir do nada ou surgiu por criação sem fronteiras. Este fenómeno está relacionado com as chamadas «ondas gravitacionais»: ondas, oscilações do próprio espaço-tempo, que são geradas, segundo a relatividade geral, quando têm lugar variações importantes na densidade de matéria ou em qualquer outro processo que afecte a estrutura do espaço-tempo. É evidente que no Big Bang se terão produzido enormes quantidades de ondas gravitacionais, dado que se «moveram» grandes quantidades de espaço-tempo e de matéria. As propriedades destas ondas gravitacionais dependem, de uma forma muito clara, do processo que lhes dá lugar e, portanto, se detectamos e analisamos actualmente as que se geraram durante o Big Bang, poderemos decidir com certeza como começou o Universo, pois são claras as diferenças entre ondas gravitacionais produzidas em «criação a partir do nada» e em «criação sem fronteiras». O problema está, no entanto, em poder detectar essas ondas, para o que faz falta construir detectores que ainda não estão sequer desenhados. Mas podemos esperar que, o passar dos anos e o rápido desenvolvimento que se está a verificar na construção de detectores de ondas gravitacionais, nos levem algum dia a abrir uma janela até à origem do Universo e sejamos capazes de reconstruir o seu nascimento. Pelo menos na nossa mente.

Capítulo 9

Evolução, complexidade e auto-organização

Já vimos como o Universo surgiu, possivelmente, com uma flutuação do nada. Como do próprio tecido do espaço-tempo, em harmonia com o vazio e em dança com a matéria e a radiação, se gerou a estrutura da matéria que conhecemos, e como esta matéria, por colapso gravitacional, formou galáxias e outros grandes sistemas. No entanto sabemos, como o demonstra a nossa própria existência, que a matéria se organiza noutros objectos que, em certas ocasiões, são mesmo capazes de controlar o seu ambiente. Como se chegou a isto? A resposta começou a emergir há poucos anos e está ainda em plena discussão, mas é tão interessante que terá um impacte nada trivial numa futura unificação entre o que hoje chamamos física e algumas facetas básicas da disciplina a que chamamos biologia.

Há várias chaves essenciais para compreender o que acontece e porque se chega à diversidade que observamos. As mesmas resumem-se como segue: os sistemas físicos que compõem estruturas de alguma importância têm componentes múltiplos, isto é, são sistemas de uma grande variedade que podemos designar complexos. A forma como se relacionam entre si resulta de diversos tipos de forças. Estes sistemas, em certas condições, comportam-se como sistemas fechados, ou seja, como sistemas que não permitem trocas com o meio em que evoluem. Estes sistemas estão submetidos a flutuações geradas pela própria natureza das forças que operam neles, ou pela sua interacção com outros sistemas complexos, não necessariamente idênticos a eles mesmos. Finalmente, todos estes sistemas são governados por leis comuns, universais, que por sua vez estão sujeitas ou são influenciadas por princípios muito gerais e, portanto, muito robustos, dificilmente modificáveis. Entre estes princípios está a segunda lei da termodinâmica que, como veremos mais adiante, actua implacavelmente sobre tudo: desde o próprio espaço-tempo no qual o Universo evolui a grandes escalas, até nós próprios, que cada vez que fazemos alguma coisa (inclusive ler estas linhas), nos vemos sujeitos a ela, o que dá como resultado uma complicada resposta configurada pelas nossas condições nesse momento, mas controlada por esta lei que ninguém soube ainda derivar de princípios iniciais e que, não obstante isso, sabemos que opera em todos os âmbitos, desde a cosmologia até à psicologia. Por isso, e dada a sua importância, vamos descrevê-la com um certo detalhe.

A segunda lei da termodinâmica

Nenhum de nós teve ainda a seguinte experiência: ver uma pedra a arrefecer, a transferir para o campo da gravidade terrestre a energia térmica que perde ao arrefecer e... a elevar-se! Esta é uma experiência que nunca tivemos, apesar de, em princípio, ser permitida pelas leis da mecânica. Para poder adequar factos como este (e outros que descreveremos em seguida) à física, introduz-se um princípio que recebe o nome de segunda lei da termodinâmica, cuja função é impedir que ocorram ou, o que efectivamente é o mesmo, convertê-los em altamente improváveis.

A segunda lei da termodinâmica formula-se com base numa quantidade física que recebe o nome de entropia e que foi introduzida nos finais do século XIX. Matematicamente, a segunda lei da termodinâmica enuncia-se dizendo que, para um sistema isolado, a entropia cresce sempre ou permanece constante; isto significa que nunca pode diminuir. A palavra «entropia» é derivada do grego, de um termo relacionado com o conceito de transformação, de volta, de retorno, e refere-se à capacidade interna de um sistema físico para se transformar, para mudar. O conceito alude a uma propriedade objectiva do sistema físico em relação às suas circunstâncias, ao seu ambiente. A tradução literal da palavra grega «entropia» seria «evolução». A entropia descreve a capacidade de um sistema físico para fazer algo de útil, para levar a cabo um processo. Quando num sistema físico, com uma determinada quantidade fixa de energia, a entropia chegou ao seu nível máximo, o sistema não pode executar nenhum trabalho. Quanto maior for o número de estados a que um sistema pode aceder, maior é a entropia, e por isso se associa a entropia a uma medida da desordem típica de um sistema físico. Por exemplo, se temos uma certa quantidade de água líquida e a congelarmos, convertendo-a em gelo, diminui a entropia da água ao aumentar a ordem nas moléculas de água que se movem menos ao baixar a temperatura e acabam por se ordenar no cristal de gelo; mas isto ocorre à custa de aumentar a entropia do frigorífico que arrefeceu a água e de onde «extraímos a ordem» que agora existe na água, por estar congelada à custa de ter queimado (destruído) carvão na central térmica que produz a electricidade da qual se alimenta o frigorífico.

A segunda lei da termodinâmica, expressa em termos de entropia, não é mais do que a expressão de um facto fundamental e que constatamos todos os dias: que qualquer sistema (não só os sistemas físicos mas de qualquer tipo, incluindo sociais) tende, em todas as suas partes e componentes, a passar de uma configuração menos provável a outra mais provável. É como uma «lei de evolução do Universo», como se disse em algumas ocasiões nos princípios do século XX e, como agora, em finais deste século, constatamos em sistemas físicos, em sociologia, em economia e até na evolução do *software* de um computador. De facto, a segunda lei da termodinâmica relaciona-se com outro fenómeno muito familiar: o decorrer do tempo em direcção ao futuro. O facto de o tempo decorrer sempre numa mesma direcção, do passado para o futuro e nunca ao contrário. A lição que se tira desse paralelismo ou equivalência entre tendência para a desordem e a direccionabilidade do tempo, é que deve haver alguma relação entre ambos os factos. Nesta relação residem as chaves que controlam a organização dos sistemas físicos com muitos componentes, o que chamamos a evolução da complexidade e que ocorre através da capacidade que estes sistemas têm para se auto-organizarem. O conceito subjacente à auto-organização é que a injecção de energia externa num sistema compensa-se com a tendência natural que o sistema teria de degenerar em desordem, e o sistema responde organizando-se a si mesmo em novos estados que têm maior ordem e, portanto, uma entropia mais baixa. Isto não contradiz a segunda lei da termodinâmica, já que o que aconteceu requer uma injecção de energia no sistema físico, uma acção de algum agente ou agentes que introduzem energia no sistema que, ao repartir-se entre os seus múltiplos componentes, consegue fazê-lo chegar a um estado à custa da utilização dessa energia para baixar a entropia e, assim, conseguir um sistema mais ordenado.

Como é, na realidade, este processo? Que características do sistema de muitos corpos são as que entram em jogo? A resposta a estas duas perguntas essenciais é extraordinariamente simples, mas talvez por isso, e porque exigiu o uso de grandes capacidades de cálculo, só disponíveis com a chegada dos computadores, é que a resposta demorou a chegar até quase ao final deste século.

Para responder a estas duas perguntas, de forma concreta, vamos dar um exemplo de sistema complexo no qual veremos como as coisas ocorrem e que, para além disso, nos sirva logo para ilustrar factos de importância na história recente do Universo tal como esta se manifesta na Terra. O exemplo vai servir-nos também para eliminar a crença antiga de que a complexidade de muitas partes do Universo e em particular no que se refere aos seres vivos e seus subprodutos, é uma manifestação de uma criatividade superior; com este exemplo veremos que esta crença é o resultado de propriedades gerais da matéria, implícitas nas leis físicas conhecidas e que se manifestam quando se verificam certas condições. O sistema complexo que vamos imaginar consiste num aquário fechado, iluminado por uma lâmpada e no qual existe uma mistura adequada de produtos pré-bióticos. Isto é, um aquário no qual não entra mais do que já tem, excepto energia em forma de luz e no qual, para simplificar o exemplo, os produtos químicos que com o tempo deram lugar à vida existente na Terra já estão presentes. (Supor que estes produtos já existem no aquário não é essencial pois, como veremos noutro capítulo, a sua formação na Terra é facilmente compreensível.) Depois de um período de tempo suficientemente grande, o sistema evoluirá ou flutuará para um estado vivo que, por exemplo, contenha peixes e plantas verdes. Este estado vivo está estabilizado perante estados mortos, graças à presença da luz que permite que os organismos cresçam, se reproduzam e se defendam metabolicamente contra todo o tipo de degradações, incluindo a tendência inevitável – se não houvesse luz – devido à segunda lei da termodinâmica, à morte térmica. Num aquário de tamanho comum, o que estamos habituados a ver, em nossas casas ou nos parques zoológicos especializados, o estado morto é imensamente mais provável que o estado vivo, apesar da fonte de luz, porque a biogénese espontânea seria muitíssimo menos provável que uma flutuação por acaso, na qual todos os peixes morreriam de fome depois de terem comido todas as plantas. A extinção é mais provável do que a biogénese num aquário deste tamanho. Mas quanto maior for o aquário mais improvável será a extinção global em todo o aquário, porque simplesmente leva mais tempo a propagar-se a extinção a todas as partes do mesmo; e quanto maior for o nosso aquário imaginário maior será também a probabilidade de que, dentro dele, tenha lugar algum tipo de biogénese. Se o aquário alcançasse o tamanho da Terra, a evidência paleontológica levava-nos a pensar que passaria a maior parte da sua existência no estado vivo; quer isto dizer que sabemos que houve neste aquário Terra uma transição do estado morto para o vivo e nenhuma do estado vivo para o morto. Não descreveremos aqui como o tamanho influi na auto-organização e nos seus resultados; mas o exemplo escolhido serve-nos como ilustração de que, dado um tamanho suficientemente grande, podem ocorrer factos qualitativamente muito diferentes.

Agora descreveremos o processo de auto-organização. Em primeiro lugar imaginemos que o sistema tem muitos componentes e que estes comunicam e interagem, assim como com o exterior, de onde recebem energia. Segundo este exemplo, os componentes pré-bióticos e a água são os múltiplos componentes e o exemplo tem implícito que existe uma grande quantidade de cada um deles; a fonte de energia seria a luz que ilumina o aquário. A energia chega aos componentes, é transmitida pelos choques dos fotões que chegam com a luz e o sistema varia ligeiramente de situação, de estado. Esta variação de estado manifesta-se externamente de muitas maneiras; por exemplo, subindo a temperatura, o que é indício de que as moléculas se movem a maior velocidade e que, portanto, são invadidos espaços que antes estavam livres ou ocupados por outros constituintes. Deste modo, alteram-se as interacções e características primitivas do sistema. Mas o sistema responde a isso mantendo a sua energia total no mínimo possível. Por vezes, os componentes do sistema entram num estado no qual o uso da energia é o mais eficiente possível: o sistema ordena-se. Isto é, precisamente, o que entendemos por organização.

O sistema procura um núcleo no qual se encontra a si mesmo numa situação em que gasta o mínimo de energia possível e gera o máximo de ordem que é capaz: é no início desta marcha com vista ao estabelecimento do equilíbrio que consiste a auto-organização. Como tanto a busca deste equilíbrio como a geração de desordem são princípios gerais, completamente inevitáveis para qualquer sistema físico, as suas consequências – como a auto-organização – são absolutamente necessárias e irreprimíveis. Em traços largos, é assim que decorre o processo. Para o compreender com maior detalhe e apreciar as suas consequências, é necessário que se descrevam as características específicas do sistema que desempenham um papel crucial.

As características essenciais são as seguintes: a) dissipação; b) interacção entre vizinhos; c) interacção consigo mesmo; d) ruído e e) geometria. Vamos descrevê-las, uma a uma, para as encaixar e compreender como as peças do quebra-cabeças dão lugar a uma visão coerente.

A dissipação refere-se à propriedade que um sistema tem de receber algo e desfazer-se dele; o termo provém do latim e significa, em linguagem actual, «espalhar». Um sistema físico que dissipa é um sistema que recebe algo, por exemplo, energia, e a reparte entre os seus componentes e mesmo para o exterior. Um exemplo simples de um processo familiar no qual a dissipação entra em jogo, é o processo de travagem de um automóvel: o automóvel vai a uma certa velocidade, com uma certa energia, e quando travamos o veículo o que fazemos é transferir parte dessa energia aos discos do travão que por sua vez, por fricção, aquecem e dissipam, na forma de calor, a energia do movimento do carro. Há muitas mais formas de dissipação na nossa vida quotidiana, mas todas partilham esta característica de transferência de energia de uma parte do sistema para outra fora dele, com a consequente modificação nas propriedades do equilíbrio energético.

A interacção entre vizinhos é outra característica essencial para os sistemas físicos, que vemos diariamente e que é fácil de compreender. Esta característica é essencial para que, por exemplo, se possa transmitir informação através do espaço. Um sistema físico tem componentes distribuídos no espaço; por exemplo, no nosso aquário imaginário haveria água, componentes pré-bióticos, incluindo pedras e areia, que constituiriam uma certa distribuição espacial, uma geografia. A informação vai de um sítio a outro, porque os componentes do sistema a transmitem de um a outro através das suas interacções. No mundo subatómico, por exemplo, a interacção tem lugar pelo intercâmbio através de processos de polarização do vazio, de excitação do vazio, dos portadores das forças, que no caso da luz são os fotões; no mundo macroscópico, a interacção pode ter lugar mediante colisões entre os próprios componentes do sistema, o que implica a transmissão de informação de uma região do espaço para outra, de uma parte do sistema para outra. Até que profundidade se propaga a interacção? De vizinho a vizinho?, de dois em dois vizinhos?, de vários vizinhos em vários vizinhos? É como se imaginássemos uma fila de soldados que se vão numerando e perguntássemos se se numeram de um em um (vizinho a vizinho) ou de outra maneira. O resultado é que, mediante este processo de interacção entre os soldados, se transmite a ordem de que se numerem e esta ordem alcança, mais tarde ou mais cedo, todos os soldados. Num sistema com muitos corpos, a interacção propaga-se por colisões, que afectam o vizinho mais próximo ou vários; mas para que se propague é necessário que, pelo menos, afecte um ou mais, para além do que já se disse. É assim que se transmite a informação através do espaço.

Outro aspecto essencial é o da auto-interacção, isto é, que o componente comunique consigo próprio, o assinalado anteriormente com c). Este factor, que parece uma trivialidade, é o que encerra toda a informação acerca da configuração que o componente terá de alcançar para que a energia seja mínima. Também determina como decai no espaço um sinal que tenha alcançado o componente. E também se o sistema tem ciclos de hestereses ou, por outras palavras, se tem alguma noção de memória. Vemos, pois, que a auto-interacção contém propriedades muito importantes a nível global para o sistema com muitos componentes, pois a combinação daquelas propriedades que se encontram na auto-interacção são determinantes não só para um componente mas para todo o sistema. Quando estas propriedades se relacionam com as outras mencionadas, abre-se a possibilidade de que o sistema tenha um comportamento realmente distinto do que lhe corresponderia se só tivesse uns poucos componentes. Em certo grau, a auto-interação contém as potencialidades para que surjam novos comportamentos colectivos, qualitativamente diferentes do que ocorreria se houvesse poucos componentes. As três propriedades associadas à auto-interacção, a que chamámos capacidade para determinar a configuração que conduz ao mínimo de energia, capacidade para determinar o nível de profundidade espacial em que se propaga a informação e, finalmente, capacidade de memória, são-nos familiares, em muitos contextos. A capacidade para determinar o mínimo de energia que corresponde a um componente é algo que vemos em acção em múltiplos acontecimentos que têm lugar nas nossas vidas quotidianas: por exemplo, se deixamos um veículo no alto de uma rampa da garagem, ele tende a descê-la, em busca de uma posição mais estável; o mesmo acontece quando largamos uma bola de papel de uma determinada altura: a bola cai no solo, situação em que tem a energia mínima. A capacidade para determinar o nível de profundidade espacial a que se propaga a informação é algo que também nos é familiar na vida quotidiana, como podemos apreciar no exemplo seguinte: imaginemos que estamos num carro no meio do trânsito de uma grande cidade e que há um semáforo vermelho. Todos os carros estão parados, formando uma fila.

Quando o semáforo passa a verde, todos vemos isso praticamente ao mesmo tempo, mas se estamos em vigésimo primeiro lugar, antes do semáforo, não nos movemos imediatamente e só quando o carro número 19 começa a mover-se é que nos pomos em marcha. O nível de profundidade espacial para a transmissão da informação (mover-se), que corresponde a este exemplo, é o comprimento de um carro. Finalmente, a capacidade de memória é algo que é ainda mais fácil de compreender mas, mesmo assim, escolheremos um exemplo simples dentro destas comparações automobilísticas que estamos a usar: quando utilizamos um automóvel durante um certo número de quilómetros, temos de colocar água e mudar o óleo, etc. porque, de contrário, os atritos no motor começam a ser importantes, pois o motor «recorda» o seu desgaste provocado por pequenas partículas de metal ou restos de combustível queimado (por isso o óleo fica negro), que não permitem o correcto funcionamento do motor, sensível à sua história passada. Assim sucede com a memória.

A característica que descreveremos em seguida é o ruído. Esta é uma característica cujo papel real só começou a ser apreciado há pouco tempo, mas que também joga um papel central na auto-organização. Por ruído entendemos, neste contexto, todas aquelas propriedades gerais do sistema que não podemos caracterizar com precisão nem de forma determinista, articulada. No ruído entra, em certa medida, o papel do acaso, do não conhecido perfeitamente, do imprevisível. No ruído entram as nossas apreciações de como deveriam ser algumas propriedades desconhecidas para que o sistema responda da forma como responde. O ruído também sintetiza os efeitos daqueles componentes do sistema que são mais pequenos do que os nossos instrumentos nos permitem apreciar. No exemplo do aquário, consideraríamos ruído as pequenas flutuações que poderiam dar-se na luminosidade da lâmpada que ilumina o aquário, ou também a algumas das características térmicas da mistura de componentes pré-bióticos, mais água e areia, que em determinados momentos induzem uma maior concentração numa determinada zona do aquário. Para desgraça nossa, exemplos de ruído são-nos muitas vezes familiares: o ruído do trânsito, o ruído das emissões de rádio ou de televisão, o ruído na linha telefónica; todos estes exemplos nos mostram que o ruído é algo que se sobrepõe ao sinal fundamental e faz com que em algumas ocasiões se perca uma parte da informação que se transmite em algo (o ruído) que não podemos descrever com precisão, mas que sabemos mais ou menos em que consiste.

Finalmente, descrevamos o último aspecto importante da auto-organização e a que chamamos, genericamente, geometria. É por este termo que nos referimos às condições de distribuição espacial que, de fora, se impõem ao sistema que estamos a estudar. No exemplo do aquário, a geometria pode ser as seis faces de vidro que servem de paredes ou a forma específica que adquirem outros componentes do sistema que, embora não participando directamente da dinâmica entre os seus componentes, produzem um impacte sobre a evolução do sistema, porque impõem barreiras ou condições na distribuição espacial, limitando desta maneira a evolução do sistema complexo que terá de adaptar a dinâmica às condições impostas pela geometria. É fácil compreender, mediante um exemplo, que a geometria e as condições que dela derivam influem, de forma importante, sobre a evolução de um sistema: o leitor pode imaginar a geometria rectangular de um campo de futebol e perguntar a si próprio como seria o jogo se o campo fosse, por exemplo, circular; ou, para os que são aficcionados dos touros, pode tentar-se imaginar como seria uma corrida se a arena, em vez de ser circular fosse, por exemplo, triangular. Uma pequena reflexão sobre estes dois exemplos far-nos-ia ver de imediato a influência da geometria na dinâmica, na evolução de um sistema complexo.

Agora, depois desta exposição geral, estamos em condições de poder entender como funciona a auto-organização.

No sistema com muitos componentes estão incluídos a evolução temporal, o futuro inexorável do tempo, o tiquetaque do relógio, e a existência do espaço-tempo que está ocupado por todos os componentes do sistema, pelos múltiplos objectos que constituem o sistema. Os componentes estão submetidos a forças que acabam por provocar algum tipo de movimento; este movimento, a princípio, como no mito pelagiano da criação, pode ser caótico, sem uma ordem aparente; mas o sistema precisa, devido às leis que o governam – como a segunda lei da termodinâmica – «acomodar-se» e para isso transmite a informação (por exemplo, em forma de movimento) de um sítio para o outro, porque existe a característica b), a interacção entre vizinhos. Por vezes, os componentes interagem e ajustam a sua nova situação, maximizam o uso da sua energia até uma nova situação que seja a mais parecida possível à anterior. Neste processo de alterações quase perceptíveis dissipa-se alguma energia e de novo o sistema tende a alterar-se, modificando a relação espacial entre os seus componentes; neste processo, que é simples quando há poucos componentes, residem as sementes do complexo pois pode aparecer uma flutuação repentina, uma variação súbita, como consequência de haver muito ou pouco de algo em alguma região do espaço ou em algum momento do tempo; o que, a nível muito local, muito reduzido na sua extensão espacial, parecia que decorria de forma muito gradual, vê-se subitamente perturbado de uma forma estranha que não há-de vir necessariamente de fora. O sistema tem de reagir, porque o impõem as leis a que obedece. Nesta evolução, nesta alteração, o sistema procura um local, um ninho, uma forma estável na qual não só se acomode à região em que ocorreu a flutuação mas a todo o sistema, já que todo ele está ligado pela própria geometria que define a sua extensão espacial (as paredes do aquário, por exemplo). Não há razão para que as flutuações ocorram num único lugar nem num único instante: sabemos que o acaso actua de forma imprevisível, tanto no espaço (o lugar onde ocorre «o acidente») como no tempo (o momento em que «o acidente» ocorre); o sistema vê-se afectado por ele de várias maneiras (correspondendo cada uma a um tipo de flutuação) em vários lugares. E a reacção global do sistema é cada vez mais complicada, porque tem mais situações a regular, a responder; é como uma corporação de bombeiros que tivesse de apagar vários fogos. Chega um momento em que o sistema não tem capacidade para se controlar a si mesmo na sua configuração actual e então a maximização dos seus recursos energéticos leva-o a procurar e a encontrar uma nova situação, a organizar-se por si mesmo, a auto-organizar-se; no exemplo dos bombeiros, consistiria em não ir apagar todos os fogos ao mesmo tempo (pois chegaria um momento em que não haveria bombeiros suficientes), mas sim organizar a corporação para apagar primeiro aqueles que têm mais possibilidade de gerar outros.

É assim que funciona a auto-organização; o sistema vê-se obrigado a encontrar novas ecologias, novos ninhos, nos quais funcione de maneira mais consistente com as leis que o controlam. E assim gera níveis cada vez mais complicados em busca de simplicidade de funcionamento; é como a filosofia oriental do *yin* e o *yang,* na qual dois princípios complementares constituem todos os aspectos e fenómenos da vida; só que agora a formulação é dada pelos homens com a linguagem das matemáticas e segundo a lógica e o raciocínio que as acompanha.

É muito importante destacar o papel que as flutuações, as alterações imprevisíveis, jogam nesta metáfora que acabámos de descrever, segundo a qual a complexidade e a auto-organização vão de mão dada. As flutuações jogam um papel muito importante, pois é em grande parte através delas que o sistema se vê obrigado a variar drasticamente. Na história do Universo sempre houve flutuações: encontrámo-las mesmo antes do Big Bang. Primitivamente, eram as flutuações que afectavam o espaço e o tempo, as flutuações quânticas na geometria do espaço-tempo que se davam no vazio, no nada; isto gerou a própria criação. Gerou o Universo. As próprias flutuações quânticas, no seio da matéria e das forças que existiam imediatamente depois do Big Bang, deram lugar à reorganização noutras forças (a forte, a electrofraca e a da gravidade) e uma assimetria na qual a matéria dominava perante a antimatéria. Continuaram as flutuações – agora mais complicadas –, porque a simplicidade inicial se foi perdendo em consequência de se adaptar às novas situações criadas pelas diversas flutuações. E assim sucessivamente, com aspectos que, mesmo assim, não conhecemos bem, em muitos casos, e que ignoramos em muitos outros, provavelmente a maioria.

O interessante é como varia o tipo de flutuações dominantes segundo o tamanho do sistema no espaço e no tempo. É essencial que nos demos conta de que existe uma espécie de torre, uma pirâmide de flutuações, que actuaria a diversos níveis ou escalas, mas que ao fim e ao cabo elas são inevitáveis. Por isso se produzem alterações, por isso o sistema de muitos componentes se auto-organiza em formas mais complexas, com mais estrutura e mostra as variações estruturais a que chamamos evolução. No Universo vemos, a todos os níveis, como a complexidade das coisas vai mudando, vai evoluindo, como consequência de um princípio de selecção marcado pelas leis que controlam as coisas aos seus níveis mais elementares. Em palavras do físico Murray Gell-Mann, sem dúvida o ser humano que mais contribuiu para o nosso conhecimento da arquitectura do Universo: «A complexidade da superfície surge de uma profunda simplicidade.»

Vimos como um conceito do século XIX, a segunda lei da termodinâmica, que até há pouco tempo se entendia, erradamente, como contrária à ordem e como causadora da morte térmica do Universo, desempenha um papel importantíssimo na aparição da ordem e, portanto, permite que a nossa mente possa imaginar, vislumbrar que, em algum momento, o que conhecemos como Vida, com maiúscula, pudesse ter aparecido. A metáfora conceptual que há por detrás deste cenário é a auto-organização, uma espécie de grande guarda-chuva que une conceitos provenientes da física, da química, da biologia e da informática e nos permite imaginar um cenário para compreender o que ocorre no Universo, sem ter de recorrer a nenhum agente externo. A auto-organização é uma característica natural do Universo e, por isso, as suas consequências também. De facto, hoje em dia existe uma corrente de pensamento cuja intenção é conseguir explicar a evolução dos seres vivos como consequência de processos auto-organizados que ocorrem em sistemas químicos vivos, eliminando desta maneira a necessidade de recorrer a sistemas como o vitalista que, baseando-se na crença tradicional (e persistente) de que as leis da física que operam no mundo não vivo não são suficientes para explicar o fenómeno da vida, introduzem aspectos «misteriosos» na ciência. Em certo sentido, e com respeito à vida, encontramo-nos com uma situação histórica parecida à que havia na ciência quando se eliminou a teoria do flogisto, segundo a qual o calor era uma manifestação de uma substância com propriedades... misteriosas. Agora vemos que existe uma possibilidade de estender à biologia o que sabemos que funciona no campo da física e assim entender como as moléculas orgânicas se transformam em células e estas em organismos vivos pluricelulares com múltiplas formas e grande variedade de tipos. Estas novas tendências na ciência dão-se, na actualidade, na fronteira entre duas disciplinas, a biologia celular e a química orgânica. Em concreto, fizeram-se descobertas por parte dos investigadores químicos da origem da vida que podem conduzir a saltar uma barreira entre o não vivo e o vivo; estas descobertas estão baseadas em experiências de laboratório que demonstram a existência (a partir da síntese de componentes orgânicos não vivos) de sistemas moleculares suficientemente complexos para poderem prosperar e auto-organizarem-se, mantendo-se a si mesmos sem degenerar.

Enquanto o leitor lê estas páginas, cientistas de todo o mundo estão a criar um paradigma no qual, de forma conceptualmente idêntica, se compreende a evolução do Universo não vivo e vivo, um paradigma no qual as escalas a que as coisas acontecem, as forças que actuam a essas escalas e o número de componentes envolvidos no sistema, determinam em grande medida as propriedades do que emerge. Assim, podemos entender a formação dos elementos leves, quando o Universo era muito jovem e que, passo a passo, primeiro de hidrogénio a hélio e outros elementos leves, e depois as estrelas, deram lugar a outros elementos como o carbono ou o oxigénio. Cada átomo de carbono no nosso corpo ou em qualquer célula orgânica ter-se-á formado pela improvável colisão e imediata fusão de três núcleos de hélio no interior de uma estrela; estrela que, por sua vez, se formou porque houve uma flutuação de densidade de matéria na região do espaço-tempo onde se encontrava, que fez com que a força da gravidade concentrasse o material ali, num grande reactor de fusão nuclear. Desta maneira (ainda que de modo simplificado), é possível imaginar como o aquário do exemplo conseguiu converter-se numa fonte de vida. Isto é, verificaram-se as condições adequadas.

A auto-organização diz-nos que essas condições eram imparáveis. O que nos preocupa agora é entender, de algum modo, quais terão sido essas condições.

Capítulo 10

A vida no frio: uma teoria sobre a sua origem

Vimos que hoje em dia já conhecemos muitos dos segredos do Universo em geral. A grandes e a pequenas escalas. Também temos umas noções muito claras de como aspectos essenciais da natureza se combinam para dar lugar à formação de estruturas e, em geral, contribuir para a auto-organização. Podemos mesmo pensar que já estamos em condições de explicar como é que a vida se iniciou. Um assunto sobre o qual, mesmo que na actualidade não tenhamos uma resposta concisa, é previsível que a tenhamos num futuro não demasiado longínquo; ou que, pelo menos, tenhamos noções muito mais claras acerca dele. É essencial entender este aspecto pelas consequências que dele derivam, transcendentais para a nossa espécie. Alguns físicos, como Erwin Schrodinger e, muitos anos mais tarde, Freeman Dyson, colocaram a pergunta «o que é a vida?», e estudaram a sua relação com a física. Devido ao trabalho de gerações de biólogos, químicos e alguns físicos, identificaram-se cinco propriedades essenciais que caracterizam qualquer ser vivo. Estas propriedades são, de forma muito reduzida, as seguintes: a) que o ser metabolize; b) que se reproduza; c) que identifique os seres da sua própria classe; d) que possa ser parasita e e) que possa fazer a simbiose.

As três primeiras propriedades verificam-se em todos os seres vivos; com respeito às duas últimas, há alguns seres que têm a propriedade d), outros a e) e outros que têm ambas. Hoje em dia sabemos que a), b) e c) correspondem a propriedades que se podem descrever de forma muito precisa mediante leis da física e que estão relacionadas com o que descrevemos um pouco mais atrás, quando falámos da complexidade; tanto é assim que, baseando-nos nessa propriedade, podemos desenhar programas de computador que as têm e que constituem a base de uma nova ciência emergente que se chama vida artificial. Uma disciplina que estuda a vida *in silico*, no silício dos *chips* dos computadores, em contraste com a vida *in vitro* que os biólogos estudam. Mas falta-nos ainda muito até conseguir entender como ocorreu este fenómeno na Terra, no nosso cantinho do Universo. Esta é uma das grandes questões que nos falta compreender e integrar no nosso conhecimento do Universo.

Mas, poderemos nós construir um cenário plausível que nos permita entender o surgir da vida na Terra? Analisaremos isto, de forma mais geral, no capítulo seguinte. Mas nas linhas que se seguem, e com a intenção de assentar ideias e conceitos, vamos descrever um cenário que cada vez ganha mais credibilidade entre os especialistas.

Por muitas razões, sabemos que a Terra era um mundo muito estranho quando nela surgiu a vida, há uns 3800 milhões de anos. Um mundo muito diferente do que agora habitamos, que se tinha desenvolvido a partir de um Universo cujo início e evolução descrevemos nas páginas anteriores. Era um planeta jovem, recém-condensado de uma nuvem de poeiras e gases apenas 700 milhões de anos antes, contendo a sua superfície provavelmente uns 97 por cento de água. Não existia oxigénio na sua atmosfera e o interior era muito mais radioactivo do que é hoje, pelo que o planeta estava muito mais quente do que na actualidade. Pelo contrário, o Sol estava muito mais frio e brilhava entre 20 e 30 por cento menos do que brilha actualmente. A Terra primitiva era muito violenta, constantemente submetida a fortes colisões com cometas, meteoritos, asteróides e outros resíduos da formação do sistema solar. Para imaginarmos um pouco a situação, pensemos na colisão do cometa *Shoemaker-Levy* com Júpiter, em Julho de 1994. Algo similar seria muito comum na Terra primitiva, só que a sua atmosfera, então muito menos densa que a de Júpiter hoje, não podia defender o planeta destes impactes, que deveriam ser de verdadeiros cataclismos globais. Segundo o que é reconhecido na hipótese de impacte--frustração, o bombardeamento foi tão intenso que fez ferver os mares e terá mesmo chegando a matar algumas possíveis formas de vida que tiveram possibilidade de se desenvolver, alguns possíveis organismos primordiais. Só há uns quatro mil milhões de anos as coisas se acalmaram o suficiente para que algo resistisse e permanecesse no tempo.

De facto, a vida desenvolveu-se rapidamente e nunca desapareceu desde então, pelo que, pelo menos durante quatro mil milhões de anos, a temperatura média da Terra esteve entre zero e cem graus Celsius, temperaturas às quais a água solidifica (impedindo o movimento livre) e ferve (dificultando a estabilidade crítica) à pressão de uma atmosfera. Se estivesse muito fria, isso poderia ser muito perigoso, já que a Terra, uma vez congelada, permaneceria assim e seria muito difícil descongelá-la. De facto, se a Terra se congelasse amanhã, seria necessária uma estrela uns 30 por cento mais luminosa do que o Sol é hoje, para a poder descongelar. Por esta razão se supõe que a Terra nunca esteve totalmente congelada e, para além disso, que na sua atmosfera inicial devia haver uma boa dose de gases que produziram efeitos de invernia, já que o Sol estava mais frio nessa época. Isto é importante, pois limita os tipos de gases que podiam constituir a nossa atmosfera.

Tanto o metano como o amoníaco são gases que produzem efeitos de invernia e uma atmosfera com estes constituintes poderia armazenar quantidades enormes de energia que serviria muito bem para o começo da vida, evitando, para além disso, o congelamento da Terra. O problema reside em que estes gases se decompõem rapidamente sob a acção da luz ultravioleta. Por essa razão, a maioria dos cientistas modernos suspeita que a atmosfera primitiva era composta por azoto ou dióxido de carbono, algo similar à atmosfera actual, mas com duas importantes diferenças: não tinha oxigénio (que se produziu mais tarde como um subproduto da vida, gerado pelos seres vivos) e a proporção de dióxido de carbono era mil vezes superior à actual, tanta quanto a necessária para aquecer a Terra, apesar de a luminosidade solar ser mais baixa.

Nestas condições podem gerar-se moléculas com características apropriadas para a vida nas zonas mais frias dos oceanos: o metano e o amoníaco que se escapara pelas falhas submarinas (como as que ainda existem no abismo dos oceanos terrestres) forneceriam os ingredientes essenciais para gerar, sintetizar, os aminoácidos essenciais, segundo reacções químicas que se conhecem desde meados do século XIX. Perante temperaturas tão baixas, a estabilidade das moléculas orgânicas recém-sintetizadas não estava ainda alcançada e, por isso, era muito mais provável que os complexos químicos já existentes participassem nas reacções químicas e se gerassem moléculas com uma complexidade suficiente para cumprir as propriedades necessárias ao aparecimento de vida. Por exemplo, sabe-se que o cianeto (veneno hoje, fonte de vida então) se decompõe espontaneamente em cerca de mil anos, a 50 graus Celsius, enquanto a zero graus é estável durante mais de cem mil anos; envolvido no gelo durante milhares de séculos, é fácil imaginar que tenha sido o fertilizante necessário para a síntese biótica. Este cenário de geração da química necessária para a vida no fundo dos oceanos frios, há uns 3800 milhões de anos, não é o único possível, mas é um dos supostos mais recentes e com menos dificuldades, tanto do ponto de vista da bioquímica como do da geologia e história planetária do sistema solar.

A famosa frase de Jacques Monod: «O Universo não estava cheio de vida», é muito certa, mas as condições aparentemente hostis para a vida como a conhecemos agora, e que ocorreram nos primeiros instantes, foram mudando, e as condições adequadas abriram passo através da inexorável necessidade que os componentes do Universo têm de evoluir para associações mais complexas. É a manifestação da segunda lei da termodinâmica, que nos leva a situações complexas, aparentemente desorganizadas, em que, de forma determinista, mas ajudados pelo acaso, os componentes do Universo geraram – interagindo entre eles – as estruturas mais eficientes, do ponto de vista da conservação da energia. A vida, pois, tal como outras estruturas que observamos no Universo, não parece ser outra coisa senão a consequência de uma conjugação extraordinária entre a dinâmica, a termodinâmica e o acaso; juntos organizam a matéria «dessa» maneira tão maravilhosa a que chamamos vida.

Na história da vida na Terra, um processo contínuo no qual se dão inovações (ou alterações qualitativas) importantes, somos capazes de distinguir várias eras-chave que nos servem para complementar o que já conhecíamos da história do Universo inanimado. Estas eras (que não devem ser confundidas com os factos essenciais na história da vida na Terra, que descobriremos no próximo capítulo) são seis: da química, da informação, da protocélula, da célula isolada, dos organismos multicelulares e da mente. Em cada uma destas eras deram-se passos importantes no desenvolvimento da vida. Na história do Universo deram-se outras eras muito diferentes, que ocorreram desde a sua origem, entre uns cinco mil e 15 mil milhões de anos antes da origem da Terra: a era da gravitação quântica, a era da grande unificação, a era da unificação electrofraca e a era do domínio da matéria em relação à radiação. Para chegar à vida que conhecemos foi necessário que, previamente, o Universo tivesse passado por estas etapas e, em particular, pela do domínio da matéria, pois só depois desta ocorreram as condições que, com o tempo, e graças a essa conjugação já referida, conduziram à geração da vida.

Como será o futuro do Universo e/ou da vida? Talvez ambos prossigam juntos. Mas há algo que os separa, de um ponto de vista qualitativo: embora o homem não possa influir – por uma mera questão de escala e de auto-organização – no futuro do Universo, ele pode influir no da vida, a qual, por ser muito mais complexa, é também muito mais frágil. Por isso temos a obrigação de respeitar a sua evolução no nosso planeta, de ser conscientes do meio ambiente em que nos movemos.

Com o objectivo de situar melhor o que foi ocorrendo no processo da vida no nosso planeta, e ter uma janela aberta para o paralelismo com a evolução do Universo, dedicaremos o próximo capítulo a descrever os seis acontecimentos mais importantes na história da vida na Terra.

Capítulo 11

Seis acontecimentos essenciais na história da vida na Terra

Os biólogos e paleontólogos chegaram à conclusão, através de numerosos estudos, de que, na evolução biológica que ocorreu no planeta Terra, aconteceram seis acontecimentos essenciais. Seis acontecimentos ou factos que foram decisivos para o desenvolvimento do meio ambiente terrestre e que influíram de forma fundamental na evolução biológica ao longo destes quase quatro mil milhões de anos de tempo geológico, de evolução da Terra.

Estes acontecimentos são o resultado de investigações que abarcam diversos campos da ciência, não provêm de um ramo específico e mostram como, para poder compreender as nossas origens, é necessário um complemento saudável entre especialização e domínio de várias disciplinas; torna-se imperiosamente necessária uma visão renascentista do conhecimento quando queremos responder a perguntas muito simples, perguntas como «porque estamos aqui?», que, embora fáceis de formular, são incrivelmente difíceis de responder com a nossa capacidade. A seguir descreveremos os factos sem entrar em nenhuma explicação dinâmica ou conceptual dos mesmos, pois não se conhece nenhuma explicação aceite por todos, apesar de ser hoje objecto de forte debate entre os estudiosos.

Os seis acontecimentos correspondem aos seguintes factos que sabemos que ocorreram na Terra: 1) a síntese pré-biótica dos compostos químicos de que surgiu a vida; 2) o aparecimento de um ambiente aeróbico; 3) o aparecimento dos primeiros animais; 4) o aparecimento das primeiras plantas terrestres; 5) o aparecimento dos primeiros animais vertebrados e 6) o aparecimento do homem.

Cada um destes acontecimentos assinala factos que foram fundamentais na evolução da vida no nosso planeta e não significa que outros o não tenham sido (como, por exemplo, o desaparecimento dos dinossauros, há uns 65 milhões de anos), mas pensa-se actualmente que estes seis acontecimentos seleccionados foram os mais importantes e definitivos.

Sobre a síntese pré-biótica, sobre as reacções químicas que puderam ter acontecido entre as substâncias químicas que havia na Terra primitiva e que, dadas as condições então predominantes, conduziram aos primeiros compostos de que emergiram os seres vivos, já se fez uma descrição no final do capítulo anterior. A argumentação baseia-se em conceitos possíveis, tais como se puderam dar as sínteses orgânicas necessárias, nos fundos marinhos da Terra. Mas existem mais teorias, que pressupõem cenários diferentes e que dependem de considerações geológicas determinantes para que existisse um cenário ou outro. Estas considerações podem resumir-se nas seguintes variáveis: 1) tempo disponível para que se pudesse dar a origem da vida; 2) qual era o estado da superfície da Terra quando ocorreu a síntese pré-biótica; 3) frustração da síntese por impactes; 4) temperatura média da Terra; 5) existência de oxigénio na atmosfera primitiva e 6) composição da atmosfera.

O tempo disponível para que se produzisse a síntese pré-biótica é uma variável que desempenha um papel importante e que durante anos foi mal compreendida. Sabemos que a Terra tem mais de 4500 milhões de anos e que os fósseis mais antigos que conhecemos, alguns microfósseis e estromatólitos (colónias de bactérias marinhas) têm uns 3500 milhões de anos. Portanto, pode pensar-se que a vida demorou mil milhões de anos a aparecer; no entanto, conforme se referiu antes, há experiências de laboratório que nos levam a pensar que as sínteses necessárias para o começo da vida terão acontecido num período de tempo muito mais curto, mesmo de apenas alguns milhões de anos. De facto, é possível imaginar cenários em que a vida começou na Terra em várias ocasiões e se viu frustrada devido a variações bruscas produzidas pelo bombardeamento de meteoritos ou devido à radiação solar intensa que lhe poderia chegar na forma de raios X, ou raios ultravioleta. A maioria dos especialistas pensa que a síntese orgânica que conduziu à vida demorou muito pouco tempo. Alguns começam já a pensar que foi uma reacção química automantida, como consequência de um processo de auto-organização nos componentes químicos que se davam na Terra, nessa época.

O estado em que se encontrava a superfície terrestre é também importante, mas não determinante, para entender como se iniciou a vida. Isso dependeu, em grande medida, de como se formou a própria Terra e este, sim, é um dado-chave para compreender melhor a história do planeta; para a vida, isto não tem um efeito genericamente determinante, dado ter sido importante para os detalhes do que acabou por surgir, embora não no processo geral. Por exemplo, algumas moléculas pré-bióticas (as imediatamente anteriores à vida) poderiam surgir na nebulosa de que mais tarde, por condensação, se formaria a Terra e algumas delas sobreviveriam se a superfície não estivesse muito quente, dado que a elevada temperatura as destruiria; sabemos que, embora alguns meteoritos que caem na Terra, os chamados condritos carbonatados, contenham quantidades apreciáveis de material orgânico que se acumulou na superfície, durante a sua formação, não puderam reter compostos relativamente instáveis, como açúcares e alguns aminoácidos que, por isso, terão desaparecido. Isto significa que, em algum momento, a superfície da Terra teve de encontrar-se em condições suficientemente tranquilas para que a síntese ocorresse de forma estável e continuada. Isto explica que os compostos, como os açúcares e outros componentes instáveis, devem ter sido sintetizados quando a Terra já tinha atmosfera e/ou mares, onde se puderam dar as condições necessárias para que se produzissem as reacções químicas.

A frustração (interrupção) da síntese por impacte é um facto que só há pouco tempo se sabe ter acontecido na superfície da Terra, e é importante tê-lo em conta quando se imaginam cenários sobre a origem da vida. Graças aos avanços na exploração do espaço, sabemos que até há uns 3800 milhões de anos a Lua foi «bombardeada» por meteoritos de tamanho considerável, por vezes superiores aos dez quilómetros de diâmetro. Como a Terra estava já ligada à Lua, é de admitir que se produziram também múltiplos impactes na superfície terrestre. Estes impactes poderão ter tido efeitos muito importantes. Por exemplo, o impacte de um corpo quente, de uns 50 ou 60 quilómetros de diâmetro, que é aproximadamente a distância entre Lisboa e Santarém[1], seria suficiente para produzir, na sua colisão com a Terra, o calor necessário para que toda a água do planeta, a água contida em todos os rios, lagos, mares, oceanos e os pólos norte e sul, fervesse instantaneamente e, ao ferver, desaparecesse praticamente toda a matéria viva que conhecemos... Isto representa um problema para entender a origem da vida, se pensarmos que a vida demorou mil milhões de anos a

---

[1] O original cita a distância entre o centro de Madrid e El Escorial. *(N. T.)*.

iniciar-se; se o número de impactes tivesse sido pequeno, frustrar-se-iam todas as possibilidades. Pensamos, portanto, que a vida teve origem num período de tempo muito mais curto, pelo que é possível imaginar que pudessem ter ocorrido vários inícios frustrados, até que, finalmente, quando baixou a frequência das colisões, vigorou uma situação que evoluiu até ao que hoje conhecemos.

Qual era a temperatura da Terra primitiva? Conforme se referiu ao descrever o cenário da origem da vida nas profundidades dos oceanos, a temperatura média do planeta Terra deverá ter estado compreendida, desde que existe a vida, entre os zero e os cem graus Celsius. As medições (realizadas em laboratório) da estabilidade dos compostos orgânicos essenciais para a vida, como função da sua temperatura, levam-nos a pensar que a temperatura média dos oceanos do planeta deve ter estado, durante a época em que surgiu a vida, abaixo dos 25 graus Celsius que podemos comparar com os quatro graus Celsius que temos hoje. Isto é importante, porque a temperatura média que deveria existir para que surgisse a organização biológica (associada à estrutura em dupla hélice do ácido desoxirribonucleico, DNA) devia estar entre zero e 35 graus Celsius, já que se não se chega a este nível térmico, os processos que sabemos que controlam aspectos fundamentais da vida não poderiam ter ocorrido. Há que ter em conta que é muito mais provável que a «sopa primordial», de que saiu a vida, estivesse mais fria, já que desta maneira aumentam as possibilidades de garantir as reacções químicas fundamentais para a vida; em particular, as baixas temperaturas favorecem a síntese de moléculas mais complexas melhor do que as altas temperaturas, dado que, neste caso, estas retardam os processos de dissociação e decomposição.

Finalmente, a questão do oxigénio na atmosfera primitiva da Terra e a sua composição estão associadas, embora o impacte sobre o início da vida tenha sido diferente. Normalmente pensa-se que na atmosfera primitiva não haveria oxigénio molecular, dado que as possíveis fontes para a sua produção não seriam suficientemente eficazes e a presença actual do oxigénio fica amplamente justificada e compreendida, por exemplo, na base da presença de organismos capazes de levar por diante a fotossíntese, como as plantas. Para além disso, o oxigénio livre, que se poderia ter formado antes do aparecimento das plantas, teria sido destruído rapidamente pelos efeitos da radiação ultravioleta. Esta tornaria mais rápida a absorção do oxigénio pelos compostos químicos incipientes na síntese pré-biótica, a qual, assim, seria travada. Por isso, não deve ter havido oxigénio na atmosfera primitiva, na atmosfera inicial. Quanto aos restantes componentes da atmosfera, sabe-se pouco, dado que as rochas mais antigas que se conhecem (na região de Isua, do Sudoeste da Gronelândia, que têm 3800 milhões de anos) não chegam aos 4500 milhões que tem a Terra e, por agora, podemos dizer muito pouco acerca de como era a atmosfera inicial. Este é um dos pontos mais débeis no nosso conhecimento da origem da vida; mas, mesmo assim, é possível entender muitos detalhes sobre ela e progredir a nossa compreensão deste primeiro acontecimento fundamental na história da vida na Terra.

O facto seguinte é o aparecimento de um ambiente aeróbico, ou seja, oxigenado. Isto é a chave para a química da vida que agora conhecemos, pelo que é necessário entender quando se alterou a composição da atmosfera terrestre para poder acomodar as formas vivas que encontramos agora. Para responder a esta pergunta temos de recorrer a outras duas perguntas anteriores: como se explica a evolução da vida a partir da fotossíntese produtora de oxigénio? Como apareceu? As respostas a estas duas perguntas obtêm-se estudando os fósseis mais antigos que se conhecem e que poderão ter produzido oxigénio, tão importante para a vida actual. A evidência geológica indica-nos que os compostos essenciais para a fotosíntese, a água e o dióxido de carbono (anidrido carbónico) estavam presentes na atmosfera desde muito cedo na história da Terra: a água deve existir há uns 3500 milhões de anos, pois há evidência dela em formações rochosas da Suazilândia, que mostram ondulações similares às que hoje se formam nas lagoas das praias. Estas formações têm uns 3300 milhões de anos. Para além disso, nas rochas da formação Isua da Gronelândia, que têm uns 3800 milhões de anos, detecta-se a presença tanto de água como de anidrido carbónico, pelo que os componentes necessários para a fotossíntese já existiam na Terra nessa época remota. Vem a propósito perguntar se já existiam então bactérias que procuraram o oxigénio. A resposta é positiva, pois elas foram encontradas em depósitos minerais de óxido de ferro, em forma de bandas, associados à formação de Isua. De facto, o que se pensa que ocorreu é que o ferro que aparecia na superfície da Terra, nas erupções vulcânicas, reagia quimicamente com o oxigénio (produzido por essas bactérias), formando óxido de ferro e depositava-se em camadas na superfície terrestre ou nos fundos marinhos. Com o tempo, a acumulação de camadas originou as bandas que se observam hoje. Portanto, a fotossíntese inicial que deu lugar ao oxigénio livre da atmosfera, deveu-se, provavelmente, à existência dessas bactérias (cianobactérias) que se sabe, com certeza (a partir de fósseis na África do Sul), que já existiam há três mil milhões de anos (possivelmente 3800 milhões). Isto foi uma grande invenção da natureza, já que a inovação bioquímica abria a possibilidade à existência de novos organismos que, como os seres humanos, poderiam sobreviver com uma química baseada em processos de oxidação, energeticamente muito rentáveis e que requereriam a presença abundante do gás oxigénio. Apesar de tudo, estas formas de vida, embora sejam energeticamente favoráveis, não apareceram de imediato, como o demonstram os restos fósseis. De facto, os restos fósseis demonstram que, embora o oxigénio esteja na atmosfera há uns 3800 milhões de anos, o seu aparecimento em grandes quantidades como oxigénio livre na atmosfera não ocorreu senão há uns dois mil milhões de anos, pelo que a atmosfera terrestre foi até então praticamente anaeróbica. A razão pela qual o oxigénio não passava directamente para a atmosfera é que haveria vários mecanismos que o consumiam vorazmente, entre os quais o mais fácil de visualizar é o que ocorria na oxidação do ferro: grandes quantidades de ferro metálico apareciam em erupções vulcânicas ou em suspensão ou em dissolução nas águas oceânicas, oxidando-se e consumindo grandes quantidades de oxigénio. Estes processos duraram quase 1800 milhões de anos, até que, há dois mil milhões de anos, ficou concluída a oxidação do ferro, ao gastar-se todo o ferro disponível. O ferro dos oceanos foi oxidado pelas cianobactérias, ficando os oceanos limpos de ferro em suspensão ou em outras formas oxidáveis. Então já se poderia oxidar o ferro que ainda existia nos campos e em outros depósitos sobre a terra; um processo que durou mais de 200 milhões de anos. Desde há uns 1800 milhões de anos a atmosfera terrestre deu caminho livre à vida baseada na oxidação, na química do oxigénio, ao não deixar já mais materiais primitivos que consumissem o oxigénio produzido pelas cianobactérias dos estromatólitos. Durante este importantíssimo período da história da vida na Terra ocorreu algo de extremamente interessante: apareceu um novo tipo de célula, as chamadas células eucarióticas (fig. 39). Até então só existiam organismos procarióticos como as cianobactérias que eram (e continuam a ser) bactérias assexuadas que produziam materiais de forma eficiente e nas quais não se observa praticamente nenhum sinal evolutivo; talvez porque a sua bioquímica não é capaz de conduzir a processos de auto-organização mais avançados do que os necessários para levar por diante

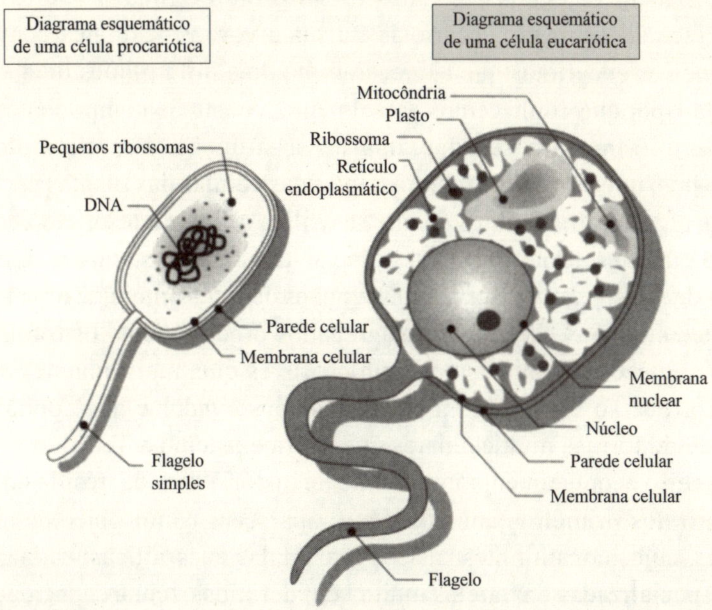

Fig. 39. *Toda a vida se organiza através das células que compõem os seres vivos. As células são reactores químicos muito sofisticados, que durante a história da vida humana evoluíram para dois tipos. As células procarióticas são as mais simples, essencialmente com dois filamentos de DNA e ribossomas em que o código da célula se traduz em proteínas e outros componentes; tudo está envolvido por uma membrana que tem um apêndice que serve para a sua locomoção. As células eucarióticas têm um núcleo com o seu DNA rodeado por um citoplasma no qual se produzem importantes reacções químicas para a função da célula, que se pode considerar como um aglomerado de procariotas ou células procarióticas.*

o seu funcionamento mais essencial. Os organismos procarióticoss são uma prova excelente de um princípio conservador que é a face oposta da evolução: se funciona não se organiza mais. De facto, por serem assexuadas, as suas possibilidades de evolução ficam muito limitadas, já que a sua dinâmica é extremamente simples. Mas as células eucarióticas são algo muito diferente. Aparecem nos restos fósseis simultaneamente com a formação da atmosfera oxigenada da Terra e há grande evidência de que se formaram como uma solução a algum problema de adaptação e/ou especialização, já que se sabe que são microrganismos agregados, isto é, formados por um grupo de procariotas que já viviam e se associavam para serem mais efectivos. Cada um contribui com a sua especialização para o melhor funcionamento do conjunto. Isto é essencial para a vida tal como hoje a conhecemos, pois todas as células de todos os seres multicelulares que existem sobre a face da Terra são eucariotas e a sua árvore genealógica converge nos primeiros eucariotas que apareceram há dois mil milhões de anos. O eucariota-tipo, que conhecemos actualmente, consta de componentes que então se uniram para se adaptar à nova situação. Por exemplo, os cloroplastos, que são o agente intracelular das células das plantas superiores e das algas multicelulares de que se realiza a fotossíntese, são descendentes de uma bactéria procariótica que se uniu a outras, há uns dois mil milhões de anos, para levar a cabo as funções de fotossíntese de uma forma mais eficiente para o colectivo de agregados procarióticos. Este foi, portanto, o começo dos organismos multicelulares que, mais adiante, seguiram um processo evolutivo muito menos conservador e que conduziu à variedade de formas multicelulares que agora existem na Terra.

O terceiro acontecimento importante na história da vida reside no aparecimento dos primeiros animais. Estes aparecem como objectos multicelulares, cujos constituintes básicos são células eucarióticas: cada grupo delas, especializadas em tarefas muito bem definidas, tem a capacidade de gerar colagénio (uma proteína que produz as fibras nos seres vivos e que, quando se aquece com água, produz cola e gelatina; daí o seu nome) e um ciclo reprodutivo à custa de células que se dividem, existindo em todos os animais, excepto nas esponjas, um sistema nervoso construído à base de neurónios. Estas características, que são comuns a todos os animais vivos e fósseis, leva a que sejam incluídos num tronco comum chamado metazoário. O registo fóssil desde há dois mil milhões de anos até à explosão câmbrica, que ocorreu na Terra há uns 550 milhões de anos, não é muito abundante e isso dificulta o seu estudo. Os três maiores grupos de organismos multicelulares (os animais, as plantas, e os fungos) provêm desta época, e conhece-se a sua origem pela análise dos ácidos nucleicos. Pensa-se que as plantas terrestres descendem das algas verdes marinhas; existe evidência de que as plantas e os animais têm um antepassado comum, talvez unicelular. É possível que estes animais tenham nascido por acção dos genes reguladores que, tal como a mosca-do-vinagre (a *Drosophila melanogaster*), controlam a formação de segmentos corporais que, mediante a repetição por «reproduções em série», melhoram a adaptação às condições ambientais. De qualquer modo, há uns 550 milhões de anos verificou-se o aparecimento de uma enorme variedade de seres multicelulares que ficaram fossilizados em Ediacara, na cordilheira de Flinders, ao sul da

Austrália e nas encostas de Burgess, nas montanhas Rochosas, da Colúmbia Britânica, a oeste do Canadá. Esta enorme variedade aparece evidente nos restos fósseis e, porque aparece de forma súbita, recebe o nome de explosão câmbrica, pois precede no tempo a era geológica com o mesmo nome. Até essa época, o registo fóssil de que a humanidade dispõe é muito limitado e isso leva a duas alternativas: a) os animais multicelulares tiveram muita actividade antes da explosão câmbrica, mas ela não ficou registada na forma de fósseis; b) os animais ficaram registados nos restos fósseis e nada mais existia na Terra. No primeiro caso, haverá que explicar por que aparecem tantas classes de animais de forma abrupta, e quase sincronizada; talvez tenha havido uma causa externa que não permitia que os animais se fossilizassem antes do câmbrico; ou talvez algum efeito ambiental produzisse a explosão. No segundo caso, isto suporia que, subitamente, algo aconteceu, que fez com que os animais multicelulares aparecessem no registo fóssil e, em particular, que se produziu uma espécie de explosão de animais, gerando uma enorme variedade a partir de umas características tais que os seus corpos não podiam fossilizar-se bem e converter-se em minerais, como acontece de modo geral com os fósseis (fig. 40).

A possibilidade b) levou a propor uma nova forma de entender a evolução, mediante o «equilíbrio pontual»: a evolução ocorre por saltos, de forma repentina no tempo, que marcam períodos de descanso ou equilíbrio. Algo equivalente a um ponto que interrompe e finaliza uma frase para dar lugar a outra. Segundo esta teoria, que é compatível com a teoria da evolução de Darwin, os seres vivos permanecem largos períodos de tempo existindo sem alterar apreciavelmente e num curto período, talvez disparados por uma flutuação, produzem-se neles alterações qualitativas muito notáveis que reflectem a reacção destes seres às mesmas alterações.

Esta hipótese tem enorme interesse, pois permite não só dar conta das alterações repentinas que devem ter ocorrido entre há 600 e 550 milhões anos mas também explica muitos dos acontecimentos posteriores na evolução dos seres vivos. Note-se que a alteração deve ter ocorrido em apenas 50 milhões de anos e que os metazoários evoluíram muito pouco no período compreendido desde há uns dois mil milhões de anos até há 600 milhões. Mas esta teoria tem uma leitura que a torna extremamente plausível: pode-se acomodar de forma completamente natural dentro do paradigma da auto-organização, que descrevemos no capítulo anterior. Trata-se de compreender e descrever como um sistema se adapta ao seu ambiente, mediante

Fig. 40. *A vida na Terra passou por muitos períodos importantes, mas um de especial importância ocorreu no câmbrico. De forma repentina apareceu uma enorme diversidade de seres vivos que se conhece com o nome de «explosão câmbrica». Os fundos marinhos da época tinham o aspecto representado na figura e que está esboçado com base em dados extraídos da pedreira de fósseis nos arredores de Burgess, nas montanhas Rochosas do Canadá. Observe-se a existência de seres estáticos e móveis, assim como a composição modular (como um* puzzle*) dos mesmos.*

alterações súbitas, como que por avalanchas. Para compreender melhor isto, imaginemos o seguinte exemplo: um cartucho de papel no qual colocamos areia de praia e deixamos que a areia saia por um pequeno orifício no fundo do cartucho; a princípio, a areia cai em cima da mesa onde está o cartucho e espalha-se de forma mais ou menos regular; à medida que o tempo passa, a areia vai formando um montículo que cresce em altura; mas chega um momento em que o pequeno monte se desmorona por cima, forma-se uma «avalancha» de areia e cai. Se continuarmos a deixar cair areia, o montículo volta a aumentar de tamanho mas, de tempos a tempos, volta a produzir-se o fenómeno das avalanchas. Na evolução por saltos ocorre algo similar, embora, claro está, aqui não se trate de grãos de areia; aqui, o papel do montículo de areia é desempenhado pelas espécies que se vão acumulando conforme evoluem e variam, de modo quase imperceptível, até que chega um momento em que o ambiente não suporta a pressão de tantas espécies, ou aparece uma flutuação que faz com que todo o conjunto de espécies se altere simultaneamente. É semelhante ao que acontece quando se produz a avalancha no montículo de areia, em que são milhares de grãos de areia que se vêem simultaneamente afectados, e não apenas alguns. É possível que esta visão da evolução como equilíbrio pontual seja ainda mais geral do que para a evolução da Terra, pois os dados apontam no sentido de que também tenha ocorrido no cosmo, nas maiores escalas do Universo.

O seguinte acontecimento importante da história da vida na Terra está relacionado com o aparecimento das primeiras plantas terrestres, isto é, plantas que sobreviveram na superfície do nosso planeta sem necessidade de estar imersas num meio aquoso. Estas plantas são provavelmente descendentes das primeiras cianobactérias que colonizaram a superfície terrestre, mas não aparecem como plantas terrestres claramente definidas até há uns 450 milhões de anos. Para que as plantas emergissem das águas tiveram de experimentar uma evolução nada trivial, já que na água a vida é muito mais fácil: a água é um meio protector que contém dissolvidos os alimentos e nutrientes que servem para que a planta mantenha a sua vida; as diferenças de temperatura são menos acentuadas do que quando a planta está ao ar, porque a capacidade térmica da água é mais alta do que a do ar; finalmente, a água é um bom veículo para facilitar a reprodução e outros ciclos vitais da planta. No ar a planta está submetida a uma violência muito maior: a possível falta de água, a luz ultravioleta do Sol, variações bruscas de temperatura entre o dia e a noite, a fustigação do vento. No entanto, e apesar destas dificuldades, as plantas saíram do mar e estabeleceram-se na superfície da Terra, com o consequente impacte na química da atmosfera terrestre, na orografia do planeta, assim como no equilíbrio biológico. A razão mais provável para que as plantas emigrassem dos fundos marinhos (já existiam em todos os fundos marinhos do câmbrico) é que o fizeram de forma gradual, transferindo-se primeiro para os fundos dos lagos de água doce e dali, devido a impulsos climatológicos (flutuações na temperatura média da Terra) que influenciavam as plantas a sair dos lagos de água doce para sobreviver, saltaram definitivamente para a superfície terrestre. De facto, e baseando-nos em aspectos que conhecemos sobre a evolução das espécies de plantas vivas durante os últimos dez mil anos, podemos dizer que as plantas geram estratégias para a adaptação ao meio climático que lhes confere capacidades especialmente úteis para sobreviver com êxito. Estas estratégias estão baseadas em modificações adaptativas para proporcionarem ciclos vitais curtos, e de modo a que os períodos activos se encurtem; estratégias para sobreviver à seca, que consistem na capacidade dos seus tecidos em secarem e depois hidratarem sem haver perdido as funções que têm na manutenção da vida da planta; estratégias para controlar a perda de água mediante modificações da própria anatomia da planta e que, para mencionar uma, consistem na formação de películas que regulam o intercâmbio de água com o exterior, maximizando o uso da quantidade de água disponível para a planta; finalmente, as plantas desenvolveram mecanismos de adaptação fotorreceptora, em virtude dos quais geram pigmentos que lhes servem para se protegerem de alterações no nível e no tipo de radiação (luz) luminosa a que estão submetidas. Com estas estratégias desenvolvidas pelas plantas, estas puderam sobreviver a um ambiente, o terrestre, que em princípio era hostil para o seu desenvolvimento. Com a presença das plantas na superfície terrestre não só se modificou o ambiente terrestre e se afectou a geologia como também se criou todo um novo *habitat* para que os animais sobrevivessem e evoluíssem. As plantas permitem a criação de novos suportes físicos para a extensão da vida, fornecem alimento aos animais primitivos e, para além disso, introduzem um novo tipo de química alimentar. Por isso, a sua presença na superfície terrestre representa um acontecimento muito importante na história da vida que nos leva ao quinto e penúltimo acontecimento desta história.

O aparecimento dos vertebrados é importante, porque eles dominaram a vida na Terra desde que se incorporaram nela, há uns 500 milhões de anos. Os seus precursores já apareceram nas últimas etapas do pré-câmbrico. Mas, que entendemos por vertebrados? São animais dotados de coluna vertebral e entre eles encontramos peixes, répteis e aves. A sua história completa não é conhecida neste momento e a sua árvore genealógica tem muitos lapsos, pois não dispomos de toda a evidência necessária para os preencher. No entanto, sabemos que o seu êxito adaptativo, um dos mais claros na história da evolução, se deve ao seu desenho biológico e morfológico. Também sabemos que os seus antecessores, ainda sem coluna vertebral, já existiam e estavam bem estabelecidos nos últimos anos do pré-câmbrico. O primeiro êxito evolutivo da história dos vertebrados foi o *Astraspis*, um peixe que abundava há uns 400 ou 500 milhões de anos. Entre as características mais notáveis destes vertebrados primitivos está o facto de não disporem de mandíbula inferior nem de barbatanas. Mas com o tempo, embora não simultaneamente, desenvolveram ambas as partes e com elas adquiriram enormes vantagens em relação a outros organismos, posto que ao desenvolverem-se as mandíbulas inferiores se multiplicaram as possibilidades para se alimentarem e com o desenvolvimento das barbatanas aumentaram de forma espectacular as possibilidades de movimento e procura de novos *habitats,* assim como as de defesa. As barbatanas, mais tarde, converteram-se em extremidades, como os nossos próprios braços.

No princípio, os tecidos eram cartilaginosos, como os do nosso nariz e das nossas orelhas, mas com tempo, e para dar consistência e apoio ao resto dos órgãos, o esqueleto mineralizou-se, inovação que provavelmente ocorreu quando os peixes evoluíram para os seus descendentes terrestres: anfíbios, répteis, pássaros e mamíferos. Isto deve ter ocorrido porque na superfície, fora de água, é necessária uma maior consistência física do que dentro dela, onde a capacidade de flutuar torna menos necessário um esqueleto ósseo. Mas em terra, fora de água, a força da gravidade e o peso que dela deriva requerem a existência de uma estrutura sobre a qual se poderá suportar os órgãos e também utilizar as leis das alavancas para se poder mover na superfície terrestre e colonizá-la. O invento importante seguinte foi o que produziu o desenvolvimento do ovo como meio de reprodução: primeiro como ovos autónomos que, mesmo abandonados, eram capazes de proteger e alimentar o embrião; depois, este ovo passou a estar protegido e em lugar de ficar submetido aos perigos das intempéries, começou a desenvolver-se no interior da gema (como no organismo humano), onde a protecção é máxima.

Daqui evoluíu-se para animais com tamanhos cada vez maiores que aproveitavam o ambiente vegetal e animal, como os dinossauros, e que, por sua vez, evoluíram para outras linhagens, como consequência de adaptações ao meio ambiente e possivelmente para a protecção contra outras espécies, como talvez seja o caso que ocorre com as aves. Tudo isto ocorria ao mesmo tempo que se verificaram importantes alterações no clima do planeta, com três «acidentes» de grande importância que finalmente abriram o caminho para a dominação final por parte dos animais com placenta. Estes acidentes foram os seguintes: o primeiro, uma alteração dramática, há uns cem milhões de anos, nas flores – do domínio de plantas sem flores passou-se à situação actual, em que dominam as plantas com flores, com o consequente impacte nos herbívoros; o segundo acidente foi o desaparecimento quase instantâneo, há uns 65 milhões de anos, dos dinossauros, que pode ter sido devida ao embate de um meteorito ou à violenta actividade vulcânica que ocorria nesta

Fig. 41. *O homem é o último acontecimento de grande importância na história da vida na Terra. Provido de cérebro, é capaz de questionar-se sobre não apenas aquilo que vê directamente mas também acerca do que, através da lógica, deduz; e assim viaja até à origem do Universo incluindo à sua metaorigem. O homem sente uma curiosidade que o impele a aventurar-se e a ir mais além do que o óbvio e o próximo. Em algumas ocasiões, como na descoberta da América, esta curiosidade leva-o a abrir novos horizontes para toda a espécie. Na figura, um fresco do pintor Daniel Vázquez Días no convento de La Rábida (Huelva), onde figura Colombo e os seus marinheiros a viver esse espírito de aventura que nos caracteriza como espécie.* (*Cortesia da* Diputación Provincial de Huelva).

época em que a Pangeia se rompia e começava, de forma muito dinâmica, a deriva dos continentes, ou a uma catástrofe inevitável dentro da própria ecologia das populações; o terceiro acidente foi a aparecimento dos mamíferos há também uns 65 milhões de anos, que se viram favorecidos pela transição produzida na flora uns 30 milhões de anos antes.

Assim estavam as coisas quando nos aproximamos do sexto e último acontecimento importante na história da vida no nosso planeta: o aparecimento do homem. Como nos acontecimentos anteriores, vamos passar rapidamente pelas suas características mais notáveis. O homem pertence a um grupo de primatas que, por sua vez, está incluído no dos mamíferos e se caracteriza porque caminha sobre as extremidades, e pelas capacidades contidas no crânio. Os antecessores do homem, os hominidas, começam a diferenciar-se dos protochimpanzés e proto-humanos há uns cinco ou seis mil milhões de anos. O que ocorreu antes, desde há cerca de cinco ou seis milhões de anos até há uns 70 milhões – em que se começaram a estabelecer os mamíferos – não se conhece bem e só temos uma ideia vaga do que pode ter ocorrido, ainda que a falta de informação seja especialmente importante de há uns 17 milhões de anos para trás. Até então, e com base em estudos levados a cabo fundamentalmente em África, temos uma certa ideia de que a evolução até ao homem foi ocorrendo mediante o aparecimento de divergências evolutivas, isto é, mediante a separação de espécies por modificações dos seus DNA. Assim, sabemos que há cerca de 17 milhões de anos os orangotangos começaram a divergir dos hominídeos, para logo se produzir a divergência, entre há nove e seis milhões de anos, entre os gorilas e outros hominídeos africanos. Entre há sete e cinco milhões de anos, a África elevou-se, arrefeceu e começou a converter-se numa zona árida, a que se seguiram uma evaporação importante do Mediterrâneo e alterações significativas na vegetação do continente africano. Estas alterações foram acompanhadas por grandes modificações na fauna africana que, finalmente, deve ter originado os hominídeos que hoje conhecemos, pois, encontraram-se em África fósseis de há uns quatro ou cinco milhões e meio de anos, que são claramente hominídeos. Finalmente, sabemos que desde há uns quatro milhões e meio de anos estes hominídeos eram bípedes, isto é, andavam sobre as extremidades, não estando o seu centro de gravidade na parte posterior das costelas (o que obrigaria a andar com quatro apoios) mas sim na região da bacia; quando estavam de pé, a base do crânio alinhava-se com os pés, o que, como o leitor pode comprovar, é a postura normal dos humanos hoje, quando se levantam e andam.

Desde esse momento, e segundo as últimas teorias, desenvolveu-se o cérebro e, com ele, a inteligência, como um fenómeno de auto-organização; isto é motivo de intensa discussão entre os especialistas, e ainda não estamos em condições de o explicar de forma mais simples e sintética.

Para terminar este capítulo e em jeito de resumo, vimos como a vida pôde surgir no planeta Terra, essencialmente como consequência da segunda lei da termodinâmica e a auto-organização que se gera quando se injecta energia de fora do sistema que, neste caso, é a Terra. Por processos de auto-organização e processos em que se maximiza o uso da energia, pode chegar-se a situações cada vez mais complexas que, no caso da vida na Terra, deram origem ao homem: o que durante séculos fez a investigação que nos permitiu escrever estas páginas, teve a capacidade de desenterrar mistérios do seu próprio passado e do passado em que não viveu sequer como espécie.

Quando observamos imagens de outros mundos no sistema solar, como as dos gelos de água em Ganimedes, o satélite de Júpiter fotografado de perto pela sonda *Galileu,* um calafrio percorre a nossa coluna vertebral ao sentirmo-nos recuar 400 milhões de anos e a acordar na Terra primitiva. Uma pergunta nos vem imediatamente à cabeça: haverá vida ali? Ou estará em formação?

Epílogo

O que nos falta saber nos finais do século XX

Ao longo dos capítulos anteriores demos uma visão muito geral do estado do nosso conhecimento actual acerca do Universo e da sua história. Ensaiámos também a descrição de alguns aspectos muito essenciais da vida e da sua história. Poderemos ter dado a impressão de que as coisas se conhecem com grande pormenor e já sabemos tudo; no entanto, não é assim; conhecemos muito bem algumas coisas e temos noções muito claras de como abordar um bom número de problemas embora, como sempre sucede em ciência, dar respostas às perguntas e abrir as portas a novas e mais sofisticadas questões. Neste epílogo vamos dar uma lista das perguntas que precisam de ser resolvidas mais urgentemente no contexto da física, para poder afirmar as nossas ideias sobre o Universo.

Conforme pudemos ver, o nosso conhecimento do Universo a grandes escalas assenta na teoria geral da relatividade de Einstein e, por isso, ela condiciona, de forma muito forte, as perguntas que nos fazemos acerca do que falta conhecer sobre o cosmo. A razão disso reside no facto de que as perguntas se fazem com base no já conhecido, e isto está muito bem descrito por essa teoria. Há duas perguntas essenciais a que a astrofísica e a cosmologia contemporâneas têm de responder: a) «Qual é a idade do Universo?» e b) «quanta matéria existe?»

A resposta à primeira pergunta é urgente, posto que com a interpretação que damos aos modelos cosmológicos actuais e usando a física da maneira que o fazemos, chega-se não só a valores diferentes para a idade do Universo, como também a uma contradição importante. A idade que se deduz usando os modelos cosmológicos e as medidas de maior qualidade que se podem fazer no âmbito das galáxias, é menor do que dez mil milhões de anos; quando aplicamos a física que conhecemos às estrelas mais velhas, deduz--se, pelo contrário, uma idade que é um pouco inferior a 20 mil milhões de anos. Portanto, como podem existir no Universo estrelas que são mais velhas que o próprio Universo? É completamente impossível e, por isso, a pergunta a) deverá ser respondida com a maior brevidade possível.

A pergunta b) está relacionada com a anterior, porque tem subjacente a ela a natureza dos modelos cosmológicos, mas tem também muito que ver com a física de partículas elementares e/ou com o que deve ter ocorrido no Universo muito primitivo. É necessário conhecer quanta matéria existe no Universo, porque a nossa ideia do que ocorreu imediatamente depois do Big Bang depende disso e a matéria cuja existência conhecemos actualmente não é suficiente para explicar alguns aspectos essenciais sobre a natureza que se observa no espaço-tempo, nem para compreender aspectos gerais sobre a formação dessa estrutura.

Outra grande quantidade de perguntas está relacionada directamente com a própria teoria geral da relatividade de Einstein. Conforme vimos, esta teoria tem grande êxito nas previsões, mas há três previsões que ainda estão por comprovar e que constituem perguntas essenciais: c) «Há buracos negros?»; d) «existem as ondas gravitacionais?» e e) «existe o efeito Lense-Thirring?» A resposta a estas perguntas tem de ser positiva se a teoria geral da relatividade realmente descreve a gravitação. Sobre os buracos negros já falámos muito e aqui apenas referiremos uma vez mais que a sua existência não está provada de forma inequívoca e que é importante prová-la mediante observações astrofísicas, porque representam uma característica essencial da teoria; o número de observações que aponta para a sua existência aumenta todos os dias, mas ainda não há evidência totalmente inequívoca. As ondas gravitacionais são outra previsão essencial que está por comprovar e que, como acontece com os buracos negros, é muito provável que existam mas há que detectá-las directamente. Na actualidade, existe um esforço muito importante a nível internacional para levar à sua detecção primeiro e, depois, à construção de observatórios que nos permitam estudar como era o Universo desde o Big Bang até ter 300 mil anos e se tornar transparente à luz, pois até então a única coisa que se podia propagar livremente através do Universo eram as ondas gravitacionais e, segundo os modelos teóricos, devem ter existido muitas. (Quando se escreviam estas linhas, em 1996, havia já um rumor entre a comunidade que trabalha na detecção de ondas gravitacionais, segundo o qual um grupo australiano e outro italiano as teriam detectado. No entanto, ainda não há resultados definitivos.) Finalmente, e dentro deste grupo de perguntas, está a existência do chamado efeito Lense-Thirring, em honra de quem o encontrou teoricamente, e que consiste no facto de a teoria geral da relatividade prever que, tal como no caso da força electromagnética, quando uma carga eléctrica se move, produz-se um campo magnético; na gravitação, quando se move uma massa (que em certo sentido é equivalente à carga eléctrica no caso da força electromagnética), produz-se um campo gravítico que se sobrepõe ao da massa estática; por isso, este efeito de Lense-Thirring também se chama gravitomagnético. No caso electromagnético este efeito vê-se, por exemplo, cada vez que ligamos um motor eléctrico ou quando, estando no campo com uma bússola, tentamos ver a direcção sem ter em conta que estamos perto de cabos de alta tensão; a bússola (que detecta o campo magnético) dá uma leitura diferente da que daria se os cabos não estivessem tão perto, porque as cargas eléctricas que se movem nos cabos produzem um campo magnético que se soma ao da Terra. No gravitomagnetismo, que é dez elevado a 37 vezes mais fraco que o seu equivalente electromagnético, as dificuldades para a sua detecção são muito grandes e há que recorrer ao uso de satélites artificiais, cujas órbitas se medem com enorme precisão (à custa do impacte positivo da tecnologia GPS), para detectar a sua presença. Parece que em Julho de 1996 se revelou a sua existência mas ainda não há resultados concludentes.

Ficam-nos ainda muitas perguntas sobre a origem em si, do Universo e mesmo sobre antes do Big Bang e a origem dos tempos; mas a estas – apesar de serem essenciais –, não poderemos responder até dispormos de detectores de ondas gravitacionais e de outros equipamentos que ainda não imaginámos sequer.

Isto leva-nos a colocar perguntas relacionadas com o muito pequeno e com a física a ele associada. Estiveram as quatro forças que conhecemos unidas em alguma época da história do Universo?; existem mais forças?; a matéria é estável? Há que procurar a resposta com experiências planeadas pelos físicos de partículas que, como vimos, formam a base tanto dos primeiros instantes do Universo como do seu futuro. Por agora, do ponto de vista experimental, a resposta às duas primeiras perguntas é negativa e positiva a resposta à terceira, embora as teorias sugiram o contrário. As respostas definitivas requerem o desenvolvimento de novas técnicas experimentais e novos instrumentos que ainda não foram concebidos, mas as perguntas são tão fascinantes que seguramente continuarão a motivar gerações de físicos experimentais.

Também dentro da física do muito pequeno, da física das partículas elementares, a pergunta mais pertinente é: qual é a origem da massa? É essencial responder a esta pergunta, pois da resposta depende crucialmente o paradigma que descreve a nossa ideia actual das forças electrofraca e forte, bem como o porquê de a matéria se organizar a nível microscópico em famílias. A relação desta pergunta com a cosmologia é também importante, não só pelo seu impacte directo na cosmologia mas também pelo que a sua resposta suporia na ligação que a dinâmica estabelece entre a geografia e a história do Universo. Para além disso, não há que perder de vista o seu impacte na gravitação, já que, ao fim e ao cabo, a massa juntamente com a energia são as características sobre as quais a gravidade actua. Para responder a esta pergunta se construiu, no CERN, o acelerador *LHC (Large Hadron Collider)* de que já falámos um pouco.

Outra pergunta dentro do âmbito do muito pequeno a que deverá responder-se para dar coerência à nossa visão do Universo e completá-la, é: por que existe mais matéria do que antimatéria? A resposta também é procurada com aceleradores de partículas, tentando entender por que razão os quarks de diferentes gerações se misturam entre eles, enquanto os leptões não parecem fazê-lo. A sua resposta, juntamente com o conhecimento de se os neutrinos têm ou não massa, determinará de forma muito profunda o nosso avanço no conhecimento da estrutura da matéria e as forças que actuam sobre elas ao nível mais íntimo.

Dentro do que se disse neste livro, ficam duas perguntas que são objecto de um aceso e intenso debate multidisciplinar: a) qual foi a origem da vida? e b) há vida noutros mundos? Sobre a pergunta a), químicos, biólogos, físicos, geólogos, matemáticos e engenheiros propõem e debatem diversos cenários que, com o uso de computadores, nos estão a levar à descoberta de novos territórios (com o consequente benefício para a humanidade) mas, mesmo assim, estamos muito longe de conhecer uma resposta satisfatória. A pergunta b) é objecto de debate e há mesmo projectos em curso, como o *SETI (Search for Extraterrestrial Intelligence,* ou procura de inteligência extraterrestre), que não só tentam encontrar vida mas também esperam que esta tenha chegado a desenvolver inteligência. Aqui se juntam astrónomos, biólogos, físicos, matemáticos e engenheiros de telecomunicações que procuram a possível existência de sinais que, uma vez decifrados, nos permitam reconhecer o que tem grande probabilidade de ser certo: a existência de vida noutros lugares do

Universo. Mas, enquanto tal convicção não for confirmada, tudo não passa de meras conjecturas.

Também no âmbito da pergunta b) está o interesse na procura de possíveis formas de vida (agora provavelmente extinta) em Marte, onde pode ter havido grandes quantidades de água que, antes de o Planeta Vermelho se ter desertificado, albergaram formas de vida que agora podemos identificar como fósseis, em depressões da topografia marciana.

Finalmente, há três perguntas que nos intrigam a todos e que, como a origem da vida ou do Universo, também transcendem todas as áreas do saber humano: qual é a natureza do tempo? Poder-se-á viajar ao passado? Será possível viajar para o futuro a um ritmo superior ao que já fazemos actualmente? Sobre a primeira destas perguntas há muitas incógnitas que estão relacionadas com a própria universalidade do tempo, com a sua presença implacável em tudo o que acontece e, embora já se tenha progredido muito neste século XX, ainda nos falta muito mais para conhecer. Em relação às duas perguntas restantes, teoricamente é possível, mas as dificuldades de todo o tipo, a nível conceptual e prático, são tantas que convertem este tema em um dos mais fascinantes para ser estudado no século XXI.

Glossário

Incluímos aqui alguns termos que não figuram nos dicionários usuais, e que alguns leitores podem necessitar para um melhor aproveitamento do material que se apresenta neste livro.

ANÃ BRANCA – Estado de evolução de uma estrela com massa semelhante à do Sol e a que chega na fase final da sua vida. A estrela é muito mais densa que o Sol, pelo que, por ter uma massa semelhante, implica um raio muito menor. Na sua velhice, o nosso Sol evoluirá para uma anã branca.

BOSÕES $W^{\pm}$ e Z^0 – São os três portadores da força fraca. Não existem livres na natureza e o seu raio de acção limita-se a escalas inferiores ao tamanho do núcleo atómico. A sua existência foi postulada nos anos 50 e 60 e foram encontrados em experiências realizadas no CERN nos princípios dos anos 80. A sua massa é de umas 80 vezes a massa do protão para os $W^{\pm}$ e de umas 90 vezes a do protão para o bosão neutro Z^0.

DENSIDADE CRÍTICA – É a densidade que há-de ter um universo para que a quantidade de matéria que contém contrarie exactamente os efeitos da expansão. O seu valor é de uns 10^{-30} gramas por centímetro cúbico; a da água é um grama por centímetro cúbico.

EXPERIÊNCIA – Uma operação ou procedimento sobre um sistema físico que se realiza em condições controladas para descobrir um efeito ou uma lei, ou para comprovar uma hipótese ou ilustrar uma lei. Não se pode confundir com observação. *(Veja-se OBSERVAÇÃO).*

FUNÇÃO DE ONDA – Um objecto matemático que desempenha um papel central em mecânica quântica. Descreve a evolução de um sistema físico sujeito a leis da mecânica quântica; a partir dela pode-se calcular a probabilidade de que o sistema esteja num estado determinado ou os valores médios que as grandezas físicas hão-de ter para o sistema físico que descreve.

GIGANTE VERMELHA – Estado na evolução de uma estrela em que ela aumenta muitas vezes o seu tamanho à custa de diminuir a sua temperatura e, consequentemente, avermelhar a cor respectiva, passando assim a ser menos branca. A estrela Betelgeuse na constelação de Oríon é uma gigante vermelha.

GLUÃO – Cada um dos oito portadores da força forte. São partículas sem massa que, tal como os quarks, estão confinadas ao interior do protão, do neutrão ou dos mesões. Foram postulados em princípios dos anos 70 e desde meados da década de 80 que há evidência experimental da sua existência.

INFLACÇÃO – Diz-se de um período na história inicial do Universo em que a expansão ocorreu rapidamente (de forma análoga à inflação que faz aumentar os preços na economia). A expansão durante a época inflacionária do Universo era devida à energia contida no vazio. Foi introduzida pelo cosmólogo russo Alexander Starobinski nos finais dos anos 70 para resolver algumas dificuldades com que deparava a cosmologia do Big Bang clássico. Pouco depois, o americano Alan Gruth utilizou a inflação juntamente com as teorias da grande unificação da física de partículas elementares, para resolver problemas do Universo primitivo, encontrados por estas teorias. O satélite *COBE* fez uma passagem observacional pelo período inflacionário do Universo, se bem que não seja ainda possível, por agora, dizer – com base nesses dados – que tipo de cenário inflacionário ocorreu, entre os muitos que são possíveis.

LEPTÕES – São partículas sem estrutura que não experimentam a interacção forte. Há leptões com carga eléctrica negativa, como o electrão, o muão e o tau, e sem carga, como os neutrinos do electrão, do muão e do tau. Vem do grego leptos, que significa ligeiro. (Só o electrão é verdadeiramente «ligeiro»).

MUÃO – Um leptão instável que existe na radiação cósmica e cuja massa é umas 200 vezes a do electrão. Desintegra-se noutras partículas e no seu neutrino. Foi descoberto em 1936.

NEUTRINO – Um leptão aparentemente sem massa e estável que se produz em reacções nucleares e em processos que envolvam a interacção fraca. Supor que os neutrinos têm massa implica aceitar que a concepção actual do microuniverso não é completa e que tem de ser modificada; no caso de terem massa, os neutrinos poderiam ser uns bons candidatos à matéria escura.

OBSERVAÇÃO – Diz-se do acto em que se reconhece e anota um facto ou acontecimento, no qual geralmente se usam instrumentos científicos para levar a cabo as medições. Numa observação não se tem controlo sobre o objecto que se observa. Este termo não tem o mesmo significado que experiência, pois numa experiência tem-se controlo sobre o sistema físico. *(Veja-se EXPERIÊNCIA).*

ONDAS GRAVITACIONAIS – Ondas produzidas por grandes movimentos de matéria-energia no espaço-tempo, como, por exemplo, na explosão das supernovas. A sua existência está prevista pela teoria geral da relatividade de Einstein, mas ainda não se descobriu directamente; apesar disso, existe evidência da sua existência em processos astrofísicos nos quais servem de meio para transportar energia e permitir que objectos muito fora do equilíbrio relaxem até situações estáveis.

POSITRÃO – Denomina-se assim a antipartícula do electrão, postulada por Paul Dirac nos princípios dos anos 30 e encontrada por Carl Anderson em 1932. Por ser a antipartícula do electrão, tem os mesmos atributos que ele, massa e *spin,* excepto a carga eléctrica que é positiva, contrariamente à do electrão.

PRINCÍPIO DE CAUSALIDADE – Princípio de aplicabilidade geral, segundo o qual a causa sempre precede o efeito. Em física desempenha um papel central e não se encontrou ainda nenhuma violação do mesmo.

PRINCÍPIO DE INCERTEZA – Princípio básico da mecânica quântica, segundo o qual é impossível especificar simultaneamente e com precisão total, a posição e a velocidade, para um sistema físico que obedece às leis da mecânica quântica, como um átomo ou um electrão. A sua introdução na física foi feita por Werner Heisenberg nos anos 30. Com a sua ajuda se explicam inúmeros fenómenos físicos.

QUARK – Cada um dos três constituintes do protão ou do neutrão. São caracterizados pelo facto de a sua carga eléctrica ser fraccionária e por não poderem escapar do interior do protão ou do neutrão. Um quark e um antiquark constituem uma classe de partículas subatómicas que se conhecem com o nome de mesões. Os quarks foram postulados pelo físico Murray Gell-Mann em 1964, alguns anos antes de serem encontrados experimentalmente.

QUIRALIDADE – Do grego *(cirws)* mão, descreve a propriedade de um objecto físico segundo a qual a sua rotação interna tem a mesma direcção que a sua velocidade (quiralidade direita) ou a direcção contrária (quiralidade esquerda). Se o objecto tem massa, a sua quiralidade pode ser percebida de diversas maneiras por observadores que se movam com diferentes velocidades e direcções. Se o objecto não tem massa, a sua quiralidade é a mesma para qualquer observador. A quiralidade desempenha um papel essencial na física da interacção interfraca, onde a interacção com as partículas se verifica através da componente esquerda da quiralidade.

RADIAÇÃO DO CORPO NEGRO – Radiação característica de um corpo negro, ou seja, de um corpo com superfície ideal que absorve totalmente, sem reflectir nada, qualquer forma de energia radiante que incida sobre ele. A radiação de um corpo negro caracteriza-se por uma temperatura e por um espectro energético chamados de Planck, em honra de Max Planck.

SUPERCORDAS – Uma visão da unificação de matéria e forças que faz uso da generalização que supõe o passar de um ponto a uma linha, o que conduz à introdução de uma dimensão extra: o ponto tem dimensão zero e a linha a dimensão um. Na teoria das supercordas, a matéria e as forças modelam-se de modo semelhante às manifestações dos harmónicos quando têm as cordas a vibrar, e foi assim que se estabeleceu o primeiro marco histórico fiável para unificar a gravitação e a mecânica quântica.

SUPERNOVA – Estádio na evolução de uma estrela com mais de 1,4 vezes a massa solar, durante o qual a estrela colapsa violentamente e a sua luminosidade ascende a uns mil milhões de vezes a do Sol. No processo de explosão da supernova é emitida grande quantidade de radiação; parte desta radiação em forma de neutrinos e outra parte em forma de luz que, devido à sua intensidade, permite observar a estrela a distâncias muito maiores do que se via antes da explosão. Durante a explosão geram-se materiais por fusão nuclear, que depois se reciclam noutros objectos, como alguns materiais do nosso próprio planeta que provavelmente tiveram origem na explosão de uma supernova.

TAU – Um leptão instável que numa época muito antiga da história do Universo ficou confinado ao interior da matéria e que agora só pode observar-se em experiências com aceleradores de partículas ou na radiação cósmica muito energética. A sua massa é de umas 3500 vezes a do electrão. Desintegra-se noutras partículas e no seu neutrino. Foi descoberto em 1975.

VIA LÁCTEA – Faixa esbranquiçada que atravessa o céu, de um lado ao outro do horizonte. Infelizmente, para a observar hoje em dia é preciso sair para o campo, pois a poluição luminosa da maior parte dos aglomerados populacionais impede-nos de a vermos com nitidez. A Via Láctea é constituída por milhões de estrelas que formam o disco da nossa galáxia, e que com o seu brilho ténue lhe conferem o aspecto levemente luminoso ou cor de leite, do que resultou a designação. Na antiguidade era usada pelos peregrinos do Caminho de Santiago para se orientarem de noite e, daí, que também seja conhecida por Estrada de Santiago.

Índice onomástico

Os números de páginas em itálico referem-se a ilustrações

Acaso, 17, 33, 102, 128, 134, 142
Aceleradores de partículas, 35, 37, *54*, 55, 56, 68, 75, 99, 110, 164
Afonso X, 28, 29, *29*, 39
Aminoácidos, 141, 147
Amoníaco, 64, 65, 141
Amor, 30
Anã branca, 104
Anaeróbica, 150
Andrómeda, 50, *51*, 51, *52*, 58, 59
Anéis de Saturno, 71, *71*
Antimatéria, 34, 56, 106, 110, 118, 135, 164
Antipartículas, 33, 110, 111
Antiquarks, 34, 75, 106
APM, *39*, 40, *41*, 58, 59, 69, 81, 86, 95, 97, 99
Aquário, 128, 129, 130, 132, 134, 137
Arredores de Burgess, 153, *154*
Arte, 67
Asteróides, 140
Atlas, 58
Átomo, 17, 18, 33, 36, 54, 68, *69*, 72, *73*, 75, 76, 113, 114, 116, 122, 136
Auto-interacção, 131
Auto-organização, 129, 132, 133, 134, 135, 139, 143, 146, 150, 153, 159

Big Bang, 38, 90, 91, 93, 94, 96, 97, 99, 102, 103, 105, 107, 113, 123, 135, 162, 163
Big Crunch, 90, 101, 103, 112
Biogénese, 128, 129
Bosões W, 18, 80
Bosões Z, 18, 80
Buraco Negro, 32, 59, 84, *85*, 86, 98, 102, 104, 105, 106, 107, 108, 109, 110, 111, 112, 162

Camarón de la Isla, 28, 73, 100
Câmbrico, 152, 153, *154*, 155
Caos, 30, 32, 65, *65*
Causalidade, 104, 123
Células eucariótas, 150, 151, *151*, 152
Células procariótas, *151*
Cianeto, 141
Cianobactérias, 150, 155
Ciclotrão, 54
COBE, 92, 94, 95, 96, 97, 168
Colombo, Cristóvão, 37, 42, *44*, *158*
Condições iniciais, 122
Constante cosmológica, 80, 90
Correlações, 88
Cosmo, 27, *49*, 155
Criação, 20, 27, 30, *31*, 32, 72, 120, 133, 135
Criação a partir do nada, 117, 118, 123
Criação sem fronteiras, 117, 119, 120, 123
Cultura árabe, 28
Cultura cristã, 28, 30
Cultura hebraica, 28
Curvatura, 78, 79, 80, 82, 83, *87*, 88, 89, 108

Darwin, Charles, 153
De Broglie, 91
De Sitter, 80, 86
Decorrer do tempo, 127
Densidade de matéria, 93
Desordem, 128, 127, 129
Deutério, 34, 93

Dinâmica, 20, 74
Dinossauros, 145, 157
Dissipação, 130
Divergências evolutivas, 159
Diversidade, 125
DNA, 18, 66, 67, *68*, *73*, 148, *151*, 159
Donut, 78
Dourado, nuvem de pó em, 48, *50*, 61
Dyson, Freeman, 139

Ecologia, 134
Eddington, Arthur, 82
Ediacara, 152
Efeito fotoeléctrico, 78
Efeito Lense-Thirring, 162, 163
Efeito de túnel, 110
Einstein, Albert, 58, 77, 79, 80, 81, 82, 83, *84*, *87*, 91, 107, 161, 162
Electrão, 17, 53, 55, 69, 76, 77, 106, 107, 112
Electrão-positrão, 110
Entropia, 126, 127
Equilíbrio, 153
Equilíbrio pontual, 153
Era da grande unificação, 142
Era da gravitação quântica, 142
Era da unificação electrofraca, 142
Era do domínio da matéria perante a radiação, 142
Espaço-tempo, 17, 19, 32, 35, 57, 69, 74, 75, 78, 79, 81, 82, 83, 88, 97, 98, 102, 105, 108, 110, 111, 113, 114, 116, 118, 120, 121, 123, 125, 135, 137
Espaço-tempo aberto, 118
Espaço-tempo plano, 118
Estrela de neutrões, 104
Estrelas, 18, 19, 21, 27, 28, 30, 32, 40, 44, 48, *50*, 50, 58, 59, 60, 61, 62, 66, 81, 82, 83, 84, 85, *85*, 88, 94, 98, 99, 103, 104, 105, 106, 107, 108, 136, 161
Estromatólitos, 146, 150
Estruturas, 17, 18, 27, 33, 40, 42, 50, *52*, 53, 55, 56, 59, *60*, 63, *64*, 68, 70, 71, *72*, 72, *73*, 95, 97, 99, 102, 104, 109, 114, 125, 135, 139, 142, 162, 164
Eucariotas, 151
Eurínome, 30
Europa, 28
Evolução, 18, 57, 70, 78, 79, 86, 88, 89, 97, 99, 101, 103, 112, 118, 122, 123, 126, 127, 128, 133, 135, 136, 140, 142, 143, 145, 149, 151, *151*, 153, 155, 156, 159
Expansão, 90
Expansão do Universo, *87*, 91
Explosão, 41
Extinção, 128

Fibras, 152
Flutuações, 17, 19, 35, 95, 97, 100, 118, 125, 132, 134, 154
Força centrífuga, 77, 78
Força eléctrica, 35
Força electrofraca, 18, 34, 35, 125, 164
Força electromagnética, 18, 35, 69, 71, 76, 77, 94, 163
Força forte, 18, 34, 69, 71, 76, 94, 135, 164
Força fraca, 18, 69, 76, 94
Força gravitacional, 18, 33, 34, 42, 45, 46, *47*, 48, 50, 60, 64, 69, 70, 71, 76, 77, 78, 79, 81, 84, *84*, 85, 86, 90, 94, 104, 108, 118, 119, 122, 135, 137, 163
Força magnética, 35
Força unificada, 34
Fósseis, 56, 93, 111, 146, 149, 150, 151, 152, 153, *154*, 159, 165
Fotão, 18, 80, 91, 102, 106, 107, 112, 129, 130
Fotossíntese, 148
Friedmann, Alexander, 58
Fusão nuclear, 93, 95, 137
Futuro do Universo, *38*, 97, 101, 102, 142

Galáxias, 18, *39*, *41*, 42, *43*, 44, *51*, *52*, 58, 59, 60, 66, 69, 71, *73*, 78, 79, 81, *84*, 90, 91, 94, 95, 97, 98, 99, 103, 105, 106, 107, 111, 125, 161
Galeria de universos, 86, *87*, 90
Galileu Galilei, 37, 63
Gás, 45, 62, 64, 98, 103, 104, 112, 141
Gás interestelar, 107
Gell-Mann, 135
Génesis, 30
Gigantes gasosos, 63

Gluões, 18
Goddard, R., 45, *47*
Graves, Robert, 30
Gravitão, 19
Gravitomagnético, 163
Grécia, 28

Harmonia, 17, 37, *72,* 125
Hélio, 34
Hélio-3, 93
Hidrogénio, 18, 34, 46, 62, *63,* 71, 93, 103, 136
Hidrogénio metálico, 62
Homogeneidade (Universo), 58, 86, 90
Horizonte de acontecimentos, 110
Hubble, Edwin, 37, 91

Idade do Universo, 161
Infravermelho, 52, *52*
Instabilidade da matéria, 102
Interacção, 18, 71, 91, 129, 130, 131, 133

Juan de la Cosa, *45*
Júpiter, 63, 64, *64,* 65, 98, 140, 160

Kekulé, *72*
Kepler, Johannes, 37
Khayyam, Omar, 27, 73, 75

Lei de Hubble, 90
Lentes gravitacionais, 83, *84,* 98
LEP, 37, 55, *56, 57, 70,* 93, 94
Leptões, 17, 33, 69, 75, 80, 92, 93, 106, 164
LHC, 99, 164
Lítio, 34, 89, 93, 94
Los libros del saber de astronomia, 28
Lua, 19, 30, 32, 37, 50, *66,* 66, 147
Luz, 18, 19, 27, 30, 31, 32, 33, 35, 36, 42, 45, 48, 49, *50,* 51, *52,* 52, 53, 58, 61, 63, 71, 79, 80, 82, *84,* 84, 88, 90, 91, 93, 103, 105, 108, 110, 111, 128, 129, 130, 156, 162
Luz ultravioleta, 141, 155

Massa-energia, 17, 78, 79, 83, 88, 89, 94, 97, 99, 110
Matéria, 17, 19, 32, 33, 34, 35, 36, 37, 55, 56, 57-58-*70,* 73, 75, 76, 79, 80, 81, 86, 88, 90, 94, 95, 97, 98, 99, 101, 102, 103, 106, 108, 110, 112, 113, 118, 120, 125, 128, 135, 142, 164
Matéria escura, 89, 98, 102
Mecânica quântica, 76, 95, 101, 107, 109, 110, 113, 114, 117, 122, 123
Mediterrâneo, mar, 159
Meio ambiente, 143, 145, 157
Mesões, 175
Metano, 64, 141
Metazoário, 152, 153
Meteoritos, 140, 146, 147
Microndas, 92, 94, 95, 106
Microscópio de efeito de túnel, 68
Mito pelagiano, 30, 31, 36, 133
Monod, Jacques, 142
Morfologia, 40
Morte térmica, 128
Muão, 17, 75
Multicelulares, 152

Nada, *28,* 30, 32, *100,* 118, 125, 135
Natureza, 17, 19, 21, 37, 70, 71, 76, 83, 94, 150, 162, 165
Nebulosa M-42, 61, *62,* 99
Neutrinos, 17, 33, 71, 75, 76, 98, 102, 103, 106, 107, 112, 164
Neutrões, 17, 33, 55, 68, 70, 75, 107
Newton, Isaac, 37, 77, 79, 80
Ninho, 134
Núcleo, 17, 18, 36, 53, *54,* 55, 71, 75, 95, 104, 105, 115, 129

Ofíon, 30
Ordem, 127, 129, 135
Organização, 89, 127
Oxigénio, 18, 136, 140, 141, 146, 148, 149, 150

Paradigma, 20, 37, 47, 73, 94, 99, 106, 136, 153, 164
Perguntas, 19, 37, 39, 57, 116, 120, 121, 145, 149, 160, 161, 162, 163, 165
Placentas, 157
Planetas, 18, 30, 37, 40, 62, *64,* 65, 77, 81,

98, 103, *104,* 105, 140, 143, 145, 148, 155, 158, 159
Polarização do vazio, 110
Positrão, 55, 56, 103, 106, 107, 117
Pré-bióticos, 128, 129, 132
Pré-câmbrico, 156
Previsão da teoria de Einstein, 82
Primatas, 156
Princípio de incerteza de Heisenberg, 109, 110, 114, 115, 116, 117, 118
Procariotas, 150, 152
Processos (quânticos), 108
Proteína, 152
Protões, 17, 33, 53, 55, 68, 69, 75, 77, 89, *106,* 106, 107, 112
Ptolomeu, Claudio, 28

Quarks, 17, 33, 34, 55, 69, 75, 80, 92, 93, 164

Rábida, La, *158*
Racionalismo, 121
Radiação, 79, 91, 92, 94, 95, 97, 113, 119, 120, 125, 148
Radiação de Hawking, 103, 109
Radiação electromagnética, 71
Radioactividade, 18
Radioactividade beta, 70
Raios cósmicos, 67, *67*
Reprodução, 115
Roma, 28
Ruído, 21, 130, 132
Saturno, 64, *65*
Schrodinger, Erwin, 139
Segunda lei da termodinâmica, *126,* 142, 159
Sentidos, 52
Servet, Miguel, 37
Seta do tempo, 122
SETI, 164
Shoemaker-Levy, cometa, 140
Simplicidade, 135
Singularidade, 108
Síntese pré-biótica, 145, 146
Sistema solar, 40, 45, 53, *65,* 72, 76, 81, 85, 119, 140, 160
Smoot, George, 92
Software, 127
Sol, 18, 30, 32, 60, 63, *63,* 69, 77, 81, 93, 104, 110, 141, 155
«Sopa primordial», 148
Supercordas, 99
Supermicroscópios, 53

Tábuas Afonsinas, 28, 29, *29*
Tau, 17, 75
Tecnologia, 19
Telescópio, 39, 45, *46,* 47, *48,* 48, *49,* 49, 52, 58, *60,* 62, *62,* 83
Teoria do flogisto, 136
Teoria especial da relatividade, 83
Teoria geral da relatividade, 58, 82, *84,* 85, 101, 107, 109, 113, 122, 161, 162, 163
Trítio, 34
Tsimshians (índios), *31,* 31, 32

Universalidade, 44
Universo «aberto», 102-103, 112
Uroboros, 72, *72, 73,* 94

Vásquez Días, Daniel, 158
Vazio, 17, 19, 32, 33, 35, *55,* 56, 57, 58, 69, 74, 75, 79, 81, *87,* 88, 89, 95, 97, 100, 110, 118, 119, 120, 125, 130, 135
Vida, 18, 19, 20, 23, 62, 66, 71, 103, 104, 109, 128, 131, 134, 135, *139,* 139, 140, 141, 142, 143, *145,* 145, 146, 147, 148, 149, 150, 151, *151, 154,* 155, 156, *158,* 164, 165,
Vida *in vitro*, 140

Yang, 134
Yin, 134

Zero absoluto, 106